THÉORIE

DES

INCOMMENSURABLES,

OU

MOYEN de calculer les nombres sourds, & de mesurer les surfaces irrationnelles;

OUVRAGE utile à tous ceux qui veulent se mettre à l'abri des erreurs qui se sont introduites dans la Géométrie de l'infini.

A LONDRES,

Et se trouve à Paris,

Chez LESCLAPART, Libraire de MONSIEUR, Frere du Roi, rue du Roule, N° 11, près du Pont Neuf.

1788.

AVIS AU RELIEUR.

Les cinq premieres Planches, qui sont marquées des N°s 1, 2, 3, 4, 5, doivent être placées entre la page 98 & la page 99.

La Planche marquée du N° 6, doit être placée à la fin du Volume.

Celle qui n'est point numérotée, doit être placée entre la page 116 & la page 117.

AVERTISSEMENT.

AVANT de livrer cet Ouvrage à l'impression, l'on présenta au Public, sous un exposé simple & facile à concevoir, la découverte qui paroît en faire le principal objet; elle n'a pas été fort accueillie, (on la trouvera avec la réponse aux objections, *page* 99,) il ne s'est trouvé que trois ou quatre personnes qui, après avoir eu assez de peine à la saisir, en ont enfin admiré la beauté: & plus aujourd'hui elles l'approfondissent, plus elle devient, pour elles, lumineuse; caractere qui accompagne toujours la vérité.

Mais je ne puis faire sentir toutes les inepties qu'ont débitées ceux qui ont voulu comparer mon travail avec celui de nos devanciers; il n'y a qu'un mot à leur dire à tous. Lorsqu'Archimede fait le rayon du cercle égal 10,000, son polygone circonscrit égale 31,428, & l'inscrit 31,408, 31,418 est moyen proportionnel arithmétique, & même on peut dire géométrique entre ces deux nombres; on a toujours démontré qu'entre deux polygones semblables inscrits & circonscrits, le moyen proportionnel étoit l'inſerit du double de côtés; le cercle eſt plus grand que tout polygone inſcrit, il doit donc être plus grand que 31,418, & comment, en le faiſant comme les Géometres 31,415, pourroit-on parler ſenſément en voulant raiſonner avec moi qui monte au-delà de 31,420? Une contradiction ſemblable a-t-elle pu échapper à tous les Géometres? Contradiction devant qui s'anéantiſſent & le calcul intégral, & les formules Neutoniennes & toutes les autres choſes de cette eſpece.

Il s'eſt élevé une autre ſorte de Contradicteurs plus judicieux, qui, avec de mauvais nombres, ſont venus à bout de faire une conſtruction à-peu-près ſemblable à la mienne, & d'après cela ils ont conclu que ma premiere différence très-certaine ne néceſſitoit point du tout la ſeconde qui ſeule peut completer la rigueur de la démonſtration; mais ma conſtruction géométrique eſt ſi admirable qu'elle vous force, dans tous les cas, à prendre le ſeul nombre qui peut la repréſenter, & qui eſt noyé dans une infinité d'autres nombres apparens, & qui ſont incapables de le faire. Pour leur prouver la certitude de ma ſeconde différence, j'ai été obligé de la leur faire voir ſous toutes ſortes de faces; on pourra s'abſtenir de les approfondir, pourvu qu'on lise avec attention la réflexion qui est à la fin de la page 115, & qui commence ainsi : Ceux qui seroient fatigués des réflexions précédentes.... &c.

La découverte fournit le moyen de calculer les radicaux qui entrent dans l'expression du cercle (qu'on en voie une ébauche pour $\sqrt{2}$ page 36), & ce moyen est si parfait, qu'il futilise l'usage des décimales & des logarithmes. Aussi suis-je venu à bout de calculer une table qui, avec 700 termes, a autant d'efficacité que celles qu'on possede, si elles étoient deux cens fois plus étendues ; je m'étois persuadé que ce calcul feroit quelque impression sur l'esprit de mes contradicteurs, mais contens de leur objection, ils n'ont pas été plus loin. Les tables de sinus si pénibles à calculer ne demandent plus que quelques matinées de travail.

Enfin j'ai fini en donnant un moyen pour avoir un poids & une mesure universellement les mêmes : il faut, il est vrai, de grandes précisions. Pour avoir, par exemple, les trente-cinq petits triangles répondans à un seul avec un petit excès, & dont six répondent à un autre avec le même petit défaut, on fera obligé d'ajuster une machine où un ciseau tombe bien perpendiculairement facilement & sans jeu pour pouvoir couper le petit triangle qui aura besoin de bien d'autres attentions pour être placé exactement sous le ciseau.

TABLE
DES CHAPITRES
contenus dans ce Volume.

CHAPITRE PREMIER. *Où l'on termine enfin le travail que commença Pythagore*, pages 1

CHAP. II. *Où l'on développe la nature des élémens de la quantité, & sur-tout de ceux qu'on appelle irrationnels*, 33

CHAP. III. *Où l'on entreprend de quarrer le cercle géométriquement*, 78

CHAP. IV. *Nouveau moyen de quarrer le cercle indépendant de tout ce qu'on a dit*, 99

CHAP. V. *Où l'on présente une quadrature approchée, qui donnera lieu de réfléchir sur la nature de l'espace parabolique, & sur la nature des quantités évanouissantes*, 117

CHAP. VI. *Où l'on fait usage des découvertes précédentes*, 143

Table pour la multiplication, 151

Table pour les sinus du $\frac{1}{4}$ de cercle, 170

Moyens pour avoir un poids & une mesure universellement les mêmes, 173 & *suiv.*

THÉORIE DES INCOMMENSURABLES, OU *MOYEN de mesurer les Surfaces Irrationelles.*

CHAPITRE PREMIER,

Où l'on termine enfin le travail que commença Pythagore.

UN Livre, dit-on, doit toujours paroître avec sa Préface, & un Ouvrage privé de cette lumiere semble ne présenter qu'une production mutilée. Si cependant on fait attention qu'une Préface doit effectivement servir de lumiere à l'Ouvrage qu'elle annonce, que de Livres ne trouvera-t-on pas, qui, précédés d'un long discours, sont néanmoins sans Préface.

Pour moi qui n'ai rien de nouveau à dire sur l'utilité de la science dont je veux parler, je me contenterai de commencer par l'élucidation d'une vérité qui n'est pas si fameuse qu'on le dit, & qui est bien plus fameuse qu'on ne pense. Ceux qui veulent absolument une Préface, pourront prendre ceci pour la lumiere qui va devant mon travail; les autres, s'ils le jugent à propos, en feront un premier Chapitre que la découverte de Pythagore nous fournira.

Lorsque ce Philosophe se fut apperçu que le quarré de la diagonale étoit égal à deux fois le quarré du côté, il fit éclater ses transports, & pour que sa reconnoissance pût égaler en quelque sorte le bienfait qu'il recevoit des Dieux, il leur offrit une hécatombe. Réduisons la découverte aux termes les plus simples. (*fig.* 1re) Je décris un quarré dont je tire la diagonale, n'est-il pas sûr que cette diagonale divise le quarré en deux parties égales qui seront chacune $= \frac{1}{2}$; construisez maintenant le quarré de cette diagonale; n'est-il pas clair qu'il contient exactement quatre moitiés qui égalent deux entiers? Que voit-on là de si fameux! sans doute que cette vérité se présenta au Philosophe d'une maniere plus compliquée; mais tout son travail aboutit à faire voir que la moitié d'un quarré est un triangle rectangle, & que la proposition a lieu pour tous les triangles rectangles. Depuis Pythagore on n'a pas avancé d'un seul degré. On s'est contenté de démontrer cette vérité, & de s'en servir dans l'occasion. Encore n'a-t-on pas fait usage de la simple démonstration que je viens de donner, & qui a fait voir que cette vérité n'étoit pas si fameuse qu'on le disoit ; mais j'ose assurer maintenant qu'elle est bien plus fameuse qu'on ne pense ; car on va voir qu'elle contient toutes les découvertes Mathématiques.

Pythagore ne connoissoit point le calcul algébrique, & ne pouvoit guere pousser sa découverte ; c'est maintenant toute autre chose ; car je puis désigner par c une quantité quelconque, & si je la compare à une autre quantité, elle lui sera égale, ou elle en différera d'une quantité que je pourrai appeler d ; ainsi combinant c avec $c \pm d$ de toutes les manieres possibles, je trouverai jour à résoudre toutes sortes de difficultés.

Je ne vois dans la quantité que ces trois choses, égalité, excès, défaut ; c, $c + d$, $c - d$. Unité qui, multipliée, donne l'infinie grandeur, qui, divisée, donne l'infinie petitesse.

Je prends c pour le côté d'un quarré, sa diagonale sera $c + d$, & pour commencer la combinaison, je forme le quarré de cette diagonale, non plus comme ci-dessus, mais en l'amenant sur le côté c (*fig.* 2) & j'ai $c^2 + 2cd + d^2 = 2c^2$; effaçant de part & d'autre c^2, reste $2cd + d^2 = c^2$;

cette équation contient sommairement toutes les vérités géométriques, & conduit à la solution des difficultés qui ont jusqu'ici tant fatigué les Géometres ; car transposant $2cd$, & ajoutant dans chaque membre d^2, nous aurons $2d^2 = c^2 - 2cd + d^2$; or ce dernier membre est un quarré parfait dont la racine $= c - d$; donc aussi $c - d$ sera la véritable racine du double quarré $2d^2$; & si à $c - d$ on ajoute d, on a $c - d + d = c$, côté du quarré primitif, ce qui signifie que la diagonale plus le côté de d^2 égale le côté $c : d^2$ est un quarré, je peux faire sur lui le même raisonnement que j'ai fait sur c^2, & si je regarde d^2 comme l'élément de c^2, je pourrai tirer de même l'élément de d^2. Soit $C = 1$, sa diagonale $= \sqrt{2}$, & $d = \sqrt{2} - 1$, dont le quarré $= 3 - 2\sqrt{2} = d^2$; si je cherche son élément, je le trouverai $= 17 - 12\sqrt{2}$, qui me fournira un autre élément $= 99 - 70\sqrt{2}$, dont j'aurai encore l'élément $= 577 - 408\sqrt{2}$, & toujours de même à l'infini. Ce travail l'emporte du tout sur le calcul différentiel où les élémens se supposent, & ici ils se voient, & se calculent avec d'autant plus d'énergie, qu'ils s'enfoncent davantage dans l'infini ; mais cette branche nous meneroit trop loin; ce n'est pas elle que je veux suivre maintenant.

Je reprends mon équation $c^2 = 2cd + d^2$, je permute c^2 & d^2, les signes changent & j'ai $-d^2 = 2cd - c^2$; on n'a pas fait assez d'attention à ce fertile avantage de l'algebre, qui soumet au calcul les quantités qui sont au-dessous du rien: ne perdons point de vue cette expression de la quantité négative $-d^2 = 2cd - c^2$, dans peu elle nous sera de grande utilité. Je remets c^2 au premier membre, & multipliant tout par 4, j'ai $4c^2 - 4d^2 = 8cd$ qui est un rectangle bien connu; car, si (*fig.* 3) je prends le côté c pour le rayon d'un cercle, en traçant la courbe, elle passera sur la diagonale, & en séparera la quantité d; à ce point, je mene une tangente à la courbe, & la prolonge de part & d'autre jusqu'à la rencontre des côtés du quarré; cette double tangente devient l'hypoténuse d'un triangle rectangle isocele qui a d pour hauteur, & conséquemment à la propriété du triangle rectangle isocèle, l'hypoténuse $= 2d$; mais $2d$ est aussi le côté de l'octogone circonscrit, dont le contour sera $16d$, qui, multiplié par c, donne $16cd$, & la moitié du produit pour la surface du polygone $= 8cd$. Quand je fais le rayon égal à l'unité, $d = \sqrt{2} - 1$; donc $8cd = 8\sqrt{2} - 8$, rectangle = à octogone circonscrit qui a d pour largeur & $8c$ pour longueur. Cherchons de suite l'octogone inscrit. Je tire dans mon quart de cercle la corde de 90°, & aussi les deux cordes de 45°; il est clair que cette corde de $90° = \sqrt{2}$, & qu'elle devient la base commune de deux triangles isoceles, l'un obtusangle & qui a les deux cordes de 45° pour côtés, & l'autre rectangle qui a deux rayons du cercle pour côtés, la hauteur réunie de ces deux triangles = au rayon. Multipliant ces deux hauteurs par la base commune $\sqrt{2}$, la moitié du produit $= \frac{\sqrt{2}}{2}$ pour les deux triangles, qui forment ensemble le quart de l'octogone inscrit; donc $\frac{4\sqrt{2}}{2}$ ou $2\sqrt{2}$ pour tout ce polygone, qui, comme on voit, est égal au produit du rayon c par deux fois la corde de 90° $c + d$, ainsi $= 2c^2 + 2cd$.

On aura, par un raisonnement semblable, la surface du dodécagone, en formant un triangle avec les deux cordes de 30°, & lui donnant pour base la corde de 60°, qui sera aussi la base d'un triangle équilatéral; cette corde = au rayon $c = 1$ multiplié par la hauteur réunie des deux triangles aussi $= 1$; donc son $\frac{1}{2}$ produit $= \frac{1}{2}$ pour la surface des deux triangles; & comme six espaces semblables donnent le dodécagone inscrit; donc $\frac{6c^2}{2}$ ou 3 pour tout le polygone. Ces trois polygones se mettent en proportion, en introduisant une inconnue y qui donne lieu de dire arithmétiquement: octogone inscrit est à dodécagone ce que y est à octogone circonscrit, & mettant les quantités avec leur valeur $\begin{matrix} 2c^2 + 2cd. & 3c^2 : & y.\ 8cd \\ 2\sqrt{2} & 3 : & y.\ 8\sqrt{2} - 8 \end{matrix}$: ajoutant les deux extrêmes, & retranchant le moyen, nous trouvons $y = 10cd - c^2 = 10\sqrt{2} - 11$.

Reprenons maintenant $-d^2$ que nous avons

trouvé ci-dessus $= 2cd - c^2$, reprenons aussi notre équation multipliée par 4, savoir $4c^2 - 4d^2 = 8cd$; ajoutons $- d^2$ dans le premier membre, & son égalité dans le second, nous aurons $4c^2 - 5d^2 = 8cd + 2cd - c^2 = 10cd - c^2$, valeur que nous venons de trouver pour notre inconnue y, qui conséquemment $= 4c^2 - 5d^2$; & si on ajoute au contraire $- d^2$ au dernier membre, & $2cd - c^2$ au premier, on aura encore deux expressions de y, savoir $3c^2 + 2cd - 4d^2 = 8cd - d^2$. Ces expressions servent d'abord à nous assurer de la valeur d'$y = 10\sqrt{2} - 11$, & elles nous apprennent encore que cette quantité porte le caractere des polygones circonscrits, qui ont une propriété essentielle qui les distingue sensiblement des polygones inscrits; savoir, que leur surface égale toujours le produit du rayon par leur $\frac{1}{2}$ contour, & cette propriété cesse tout à coup au cercle qui est le dernier qui la possede : mais aussi le rectangle qui résulte de ce produit est susceptible d'une infinité de combinaisons, lorsqu'il représente le polygone, & non pas lorsqu'il représente le cercle.

Nous avons trouvé (par exemple) l'octogone $= 8cd$, rectangle qui a c pour hauteur & le $\frac{1}{2}$ contour $8d$ pour base; on peut dire aussi qu'il a $8c$ pour base & d pour hauteur, qu'il pourroit avoir $16c$ pour base & $\frac{1}{2}d$ pour hauteur ; $32c$ pour base & $\frac{1}{4}d$ pour hauteur ; $64c$ pour base

& $\frac{1}{2} d$ pour hauteur, & ainsi de suite jusqu'à ce que, comme l'on dit, d étant devenu infiniment petit, c seroit pris une infinité de fois. On voit par-là pourquoi cela n'arrivera qu'aux polygones & non pas au cercle, c'est que d ou sa division représente toujours le côté d'un polygone, & le cercle n'a pour côté que la derniere division de d, c'est-à-dire, le point tangentiel, ou, pour mieux s'exprimer, tout polygone circonscrit devient cercle, lorsqu'il est poussé jusqu'à un nombre infini de côtés; ce qu'on ne peut pas dire du polygone inscrit, parce que jamais sa surface n'est égale au produit du rayon par son demi-contour.

Puisque $64 c \times \frac{1}{8} d$ représente l'octogone circonscrit, le polygone de 64 côtés sera sûrement moindre: qu'il ne soit, par exemple, que $63 c \times \frac{1}{8} d$, un autre ne sera que $62 c \times \frac{1}{8} d$, & le rectangle allant toujours ainsi en diminuant, il aura bientôt un d^2 de moins; j'ignore à quel polygone cela doit arriver, parce que d est toujours incommensurable; mais lorsque cela arriveroit, loin d'aller chercher la suite des polygones dont le nombre des côtés augmente en décroissant à l'infini, il seroit bien plus naturel de dire l'octogone $8 c d$ étant aussi $= 128 c \times \frac{d}{16}$; le polygone de 128 côtés n'est guere que $125 c \times \frac{d}{16}$, & comme cela donne environ $1 d^2$ de moins, on ramenera la premiere expression, en le faisant $= 8 c d - d^2$, & alors il n'y a plus moyen de trouver le $\frac{1}{2}$ contour du polygone, le rectangle n'étant que $\overline{8c-d} \times d$, & $8c-d$ ne pouvant être le $\frac{1}{2}$ contour d'un polygone plus nombré que l'octogone; mais ici l'algebre développe toute son énergie pour nous montrer un phénomene dont on ne se seroit pas douté; savoir, que $8cd-d^2$ divisé par c, donne à son quotient $10d-c$, comme nous l'apprenons aux expressions d'y, où on trouve que $8cd-d^2 = 10cd-c^2$, & le quotient de cette derniere quantité, ainsi que les autres expressions d'y divisée par $c = 10d-c$, & $10d-c$ nous présente le $\frac{1}{2}$ contour d'un polygone plus petit en surface que l'octogone; & comme il n'y a plus moyen de faire décroître ce polygone selon la loi établie, donc il représente le dernier polygone de la suite, & ce dernier polygone est le cercle.

Il est possible de s'en convaincre en construisant des équations au cercle, & faisant usage d'y pour les résoudre. Nous sommes sûrs que la surface du cercle égale le produit du rayon c multiplié par la $\frac{1}{2}$ circonférence qui vaut trois fois le rayon, & un peu moins que son septieme; le rayon c étant $=1$, $3c^2=3$, & appelant P la quantité inconnue moindre que le septieme, nous aurons surface $= 3+P$. Nous avons trouvé l'octogone inscrit $= 2\sqrt{2}$, appelant $8x$ les huit segmens qu'il faut ajouter, nous trouvons encore surface $= 2\sqrt{2}+8x$: prenant encore l'octogone circonſcrit $= 8\sqrt{2} - 8$ avec l'excès $= z$, nous avons de même ſurface $= 8\sqrt{2} - 8 - z$. Voilà trois équations, & dans celles où ſe trouve octogone, on pourroit mettre tout autre polygone, & on auroit autant d'équations qu'il y a de polygones poſſibles; il eſt vrai qu'à chaque polygone il faudroit introduire une nouvelle inconnue, mais qui ne feroit qu'une fonction d'une même quantité, qui, ſe préſentant ſous une infinité de faces, donne jour à une infinité de combinaiſons: d'où l'on voit que ce problême eſt ſeul de ſon eſpece, & qu'il doit ſe réſoudre d'une maniere toute nouvelle.

Nos trois équations, ſurface $= 3 + P = 2\sqrt{2} + 8x = 8\sqrt{2} - 8 - z$, nous donnent arithmétiquement d'abord avec les deux premieres $P. 8x : 2\sqrt{2}. 3$; que de ce quatrieme terme 3, j'ôte celui qui le précede, j'aurai la différence des termes de la proportion $= 3 - 2\sqrt{2}$ que nous avons trouvée ci-deſſus pour d^2, quarré de l'excès de la diagonale $\sqrt{2}$ ſur le côté 1; nous avons encore trouvé que $2\sqrt{2}$ étoit à 3 comme y à $8\sqrt{2} - 8$, & en l'ajoutant ici, nous obſerverons que dans une proportion arithmétique de quatre termes, comme feroient 5. 9. 12. 16, ſi on continue en faiſant un cinquieme terme compoſé des deux extrêmes, c'eſt-à-dire, du premier & du quatrieme $= 21$, le ſixieme ſera de même compoſé du deuxieme & du quatrieme $= 25$: ainſi on auroit 5. 9 : 12. 16 : 21. 25 ; or nous avons $P. 8x : 2\sqrt{2}. 3 : y. 8\sqrt{2}-8$, & nous disons que $y =$ surface $= P + 3$; donc $8\sqrt{2} - 8 = 8x + 3$; donc ôtant 3 de $8\sqrt{2}-8$, nous aurons $8x = 8\sqrt{2} - 11$, & ôtant de $8x$ la différence des termes $3 - 2\sqrt{2}$, reste pour P $10\sqrt{2} - 14$. Il n'est pas étonnant qu'on ne pût trouver cette quantité P, puisque son expression exigeoit la connoissance de la surface $y = 10\sqrt{2} - 11$, dont il faut retrancher 3 pour avoir la hauteur de $P = \frac{1}{2}$ circonférence $- 3$; car lorsque le rayon $= 1$, la surface & la $\frac{1}{2}$ circonférence n'ont qu'une seule & même expression. A notre troisieme équation nous trouverons $y = 8\sqrt{2} - 8 - z$, permutant z & y, nous aurons $z = 8\sqrt{2} - 8 - y$, prenant la valeur d'$y = 10\sqrt{2} - 11$, & réduisant, reste $z = 3 - 2\sqrt{2}$ qui est encore la valeur de d^2 ; nous avons eu pour octogone circonscrit $4c^2 - 4d^2 = 8cd$, & pour avoir le cercle, il en faut ôter z ou d^2, donc $4c^2 - 5d^2 = 8cd - d^2$; nous trouvons aux valeurs d'y, $8cd - d^2 = 10cd - c^2$: ainsi $4c^2 - 5d^2 = 10cd - c^2$, ce qui nous ramene au point d'où nous sommes partis, & me donne lieu de faire ce raisonnement. Si de $4c^2$ quarré du diametre j'ôte $5d^2$, & qu'il me reste plus que le cercle, c'est que $5d^2$ que j'ôte est trop petit ; alors le second membre de l'équation $10cd - c^2$ qui est le produit de $10d - c$ par c, me donne aussi plus que le cercle; je ne puis toucher au rayon qui est un facteur commun à tous les polygones circonscrits. Ce sera donc $10d$ qui sera trop grand, & il implique que la quantité d soit trop petite dans le premier membre, & trop grande dans le second. Mais pour couper à toutes les objections qu'on pourroit faire à cet égard, je prends encore une valeur d'y dont nous n'avons point fait usage, en mettant dans le premier membre à la place de $-d^2$ son égalité $2cd - c^2$; alors on a $4c^2 - 4d^2 + 2cd - c^2$, ou $3c^2 + 2cd - 4d^2 = 10cd - c^2$. N'est-il pas sûr que le cercle termine les polygones inscrits & circonscrits, & on peut dire au cercle que dernier polygone circonscrit égale dernier polygone inscrit. Certainement le dernier polygone circonscrit est égal au produit de son $\frac{1}{2}$ contour multiplié par le rayon; quant au dernier polygone inscrit, les Géometres disent que pour le trouver, il faudroit, en faisant le quarré du rayon $= 1$, ajouter à 3 une quantité qu'on n'a pu définir autrement qu'en prouvant qu'elle devoit être moindre que le septieme du quarré; pour moi je vais la caractériser de maniere à la faire connoître à tout le monde; car je dis qu'elle doit être égale à la surface du cercle $- 3$, qu'elle doit être égale au dernier polygone circonscrit $- 3$. Ainsi l'équation qui donnera le cercle, sera celle où on trouvera dernier polygone circonscrit est égal à $3 +$ dernier polygone circonscrit $- 3$; or donnons les vraies valeurs aux quantités de notre équation $3c^2 + 2cd - 4d^2 = 10cd - c^2$.

Le rayon est représenté par $c = 1$, d égale l'excès de la diagonale $\sqrt{2}$ sur 1, donc $= \sqrt{2} - 1$, son quarré $d^2 = 3 - 2\sqrt{2}$; à 3 ajoutez $2cd$, vous avez $3 + 2\sqrt{2} - 2$; ôtez $4d^2$ ou quatre fois $3 - 2\sqrt{2}$, vous avez $3 + 2\sqrt{2} - 2 - 12 + 8\sqrt{2}$, ou $3 + 10\sqrt{2} - 11 - 3 = 10cd - c^2 = 10\sqrt{2} - 11$, & si vous l'aimez mieux, 3 + dernier polygone circonscrit — 3 = dernier polygone circonscrit. Voilà comme le cercle rentre pour ainsi dire en lui-même, & qu'il se retrouve lui-même en s'exprimant. Voyons présentement à employer quelques procédés arithmétiques.

Les nombres propres à quarrer le cercle se rencontrent à chaque pas, lorsqu'on a la solution du problême ; il n'en est pas de même des nombres qui servent à donner une approximation, & j'ose assurer que les nombres qui suivent la progression décuple étoient les plus impropres qu'on pût choisir. En voici la raison : la circonférence est une ligne de la nature de la diagonale, & encore plus incommensurable, dont l'expression numérique ne peut se manifester qu'avec des nombres sourds qui sont toujours les derniers termes d'une suite infinie, & qu'on ne peut conséquemment atteindre ; mais il semble que la nature fasse tous ses efforts pour nous y conduire ; car en suivant attentivement l'ordre de la législation numérique, on découvre une série dont les termes donnent alternativement l'expression de l'incommensurable avec une petite différence en excès d'abord, ensuite en défaut, & cette différence va toujours en diminuant même avec bien de la promptitude, ce qui fait voir clairement qu'elle s'anéantira dans l'infini; & lorsqu'on est arrivé à une de ces expressions heureuses, le nombre qui suit est le plus impropre de ceux qui se trouveront, jusqu'à ce que l'on rencontre une autre expression utile; or les nombres de la progression décuple ont presque toujours le caractere de réprobation.

Si je cherche, par exemple, les nombres pour exprimer $\sqrt{2}$, je trouve que 99 est un de ces nombres, par conséquent 100, qui vient après, sera un nombre de malédiction; car le quarré de 99 = 9800 + une unité que je néglige, la racine n'en sera altérée que d'un infiniment petit, la moitié égale 4900 dont la racine = 70 qui sera conséquemment le côté d'un quarré dont la diagonale sera 99 — infiniment petit; en continuant de chercher, on trouvera que le côté d'un quarré étant 169, sa diagonale seroit 239 + infiniment petit, & ainsi de suite, comme je le donnerai dans un article exprès. En faisant le côté d'un quarré = 100 le quarré = 10000, deux fois ce quarré = 20000, & en se servant des moyens accoutumés, on trouve la diagonale = 141 dont le quarré = 19881, la différence est de 119. En faisant, comme nous venons de le dire, le côté $= 169$, le quarré $= 28561$, deux fois $= 57122$, & le quarré de la diagonale 239, seroit 57121, il n'y a ici qu'une unité qui disparoît presque en ajoutant à la diagonale $\frac{1}{478}$. C'est avec de pareils nombres qu'il faut quarrer le cercle. Nous ferons donc le rayon $= 169$; quatre fois son quarré pour le quarré du diametre $4c^2$, sera 114244, dont il faut retrancher $5d^2$; puisque d est l'excès de la diagonale ou corde de 90° sur le rayon, cette diagonale étant $239\frac{1}{478}$, $d = 70\frac{1}{478}$ dont le quarré $= 4900\frac{140}{478}$, prenant cinq fois $= 24500\frac{700}{478}$, ôtez de 114244, reste $89742\frac{216}{478}$. Il faut maintenant que $10cd - c^2$ nous donne la même valeur; $10d = 700\frac{10}{478}$, multiplié par c ou $169 = 118300\frac{1690}{478}$ ôtant c^2 ou $28561 = 89739\frac{1690}{478} = 89742\frac{216}{478}$: croiroit-on que ce sont-là des lignes incommensurables, si on ne faisoit pas attention qu'au quarré d^2 j'ai négligé la petite fraction $\frac{1}{228484}$. Faisons maintenant usage du nombre 100, quatre fois son quarré $= 40000$, la diagonale que nous prendrons avec une fraction, car sans cela nous tomberions dans des écarts trop ridicules; cette diagonale sera $141\frac{4}{10}$, ainsi $d = 41\frac{4}{10}$, $d^2 = 1714$, $5d^2 = 8570$, ôtez de 40000, reste 31430, voilà pour $4c^2 - 5d^2$. Maintenant pour $10cd - c^2$; $10d = 414$, multiplié par c ou $100 = 41400$, ôtez c^2, reste 31400; il y a 30 de différence: il sembleroit d'abord qu'en partageant cette différence, on trouvera pour chaque membre de l'équation 31415, ce qui ne peut pas être, puisque dans le premier membre, *d* n'est pris que cinq fois, & multiplié par lui-même ou par 41; au lieu que dans le second membre *d* est pris dix fois, & multiplié par 100; cela seul suffiroit pour prouver que 31415 pour la surface est trop foible; car si j'augmente un peu *d* pour qu'il me donne dix de moins dans le premier membre, le même procédé l'augmentera de vingt & plus dans le second membre, & cette réflexion auroit lieu quand bien même *y* ne donneroit pas la vraie surface.

Enfin nous trouvons une multitude de combinaisons dans les quatre valeurs d'$y = 4c^2 - 5d^2 = 8cd - d^2 = 10cd - c^2 = 3c^2 + 2cd - 4d^2$, & la seconde valeur $8cd - d^2$ — dérive de ce rectangle $8cd$ où nous avons vu que *d* étant devenu infiniment petit, *c* feroit pris une infinité de fois, ou pour mieux dire, feroit pris assez de fois pour former un rectangle infiniment étroit, qui présenteroit sur une seule ligne droite tous les points qu'on trouve dans la surface du polygone.

Si *c* est divisé en 169 points, *d* le sera en 70, & on trouvera dans le polygone 94640 petits quarrés qui résultent de huit fois le produit de 70 par 169, lesquels petits quarrés se trouveront au rectangle infiniment étroit sur une seule & même ligne. Diminuez insensiblement cette ligne, vous

vous aurez ſucceſſivement la valeur de tous les polygones plus petits que $8cd$, & auſſi-tôt que vous en aurez ôté $4900 = d^2$, vous aurez le rectangle $8cd - d^2$, lequel égale un autre rectangle, qui, comme polygone circonſcrit, auroit le rayon c pour un de ſes facteurs, & pour l'autre $10d - c$ ſon $\frac{1}{2}$ contour ; c'eſt ce rectangle qui nous a ſervi à établir les raiſonnemens ci-deſſus, & ainſi nous pouvons déja préſenter deux ſolutions completes de la difficulté : l'une que ſi du quarré du diametre $4c^2$ (*fig.* 3) on ôte cinq fois le triangle d^2, reſte la ſurface ; d'où il faut conclure que les huit triangles mixtes, dont l'octogone circonſcrit ſurpaſſe le cercle, égalent un des triangles d^2, ou que chaque triangle mixte $= \frac{1}{8}d^2$. Quant à l'autre ſolution, on la trouve dans la proportion, octogone inſcrit eſt à dodécagone, ce que le cercle eſt à l'octogone circonſcrit, & ces deux ſolutions ſi éloignées l'une de l'autre ſont uniformes pour le réſultat ; car faiſant le rayon $= 1$ nous avons trouvé $d^2 = 3 - 2\sqrt{2}$, & de 4 ôtez 5 fois $3 - 2\sqrt{2} = 4 - 15 + 10\sqrt{2} = 10\sqrt{2} - 11$. De même nous avons pour la proportion octogone inſcrit ou $2\sqrt{2}$, eſt à dodécagone $= 3$, ce que y eſt à octogone circonſcrit $= 8\sqrt{2} - 8$; $\div\ 2\sqrt{2}.\ 3 : y.\ 8\sqrt{2} - 8$, prenez les deux extrêmes $= 10\sqrt{2} - 8$, ôtez le terme connu, reſte $y = 10\sqrt{2} - 11$.

Il ne s'agit donc, pour quarrer le cercle, que

de prendre dix fois l'excès de la corde de 90° sur le rayon, & en retrancher le rayon, on aura l'expreſſion de la $\frac{1}{2}$ circonférence, qui, multipliée par le rayon, donnera la vraie ſurface, ou, ſi on l'aime mieux, de quatre fois le quarré du rayon on ôtera dix fois le quarré du ſinus verſe de 45°, reſtera la vraie ſurface: & qu'on n'oublie pas pour cette opération de prendre des nombres qui y ſoient propres, comme 169 pour le rayon, & 239 $\frac{1}{478}$ pour la corde de 90°, dont l'excès ſur le rayon $= 70 \frac{1}{478}$; car je le répete, & le répéterai toujours, les nombres qu'on trouve avec les décimales, ſont les plus inefficaces & les plus impropres qu'on puiſſe choiſir pour quarrer le cercle.

Le travail ſimple & facile que je viens de préſenter, & que j'ai ſubſtitué à un volume entier où étoient expoſés les efforts laborieux que m'occaſionnerent les deſirs toujours renaiſſans que j'avois de quarrer le cercle; ce travail, dis-je, auroit ſuffi autrefois pour emporter tous les ſuffrages, & il ſuffiroit encore, ſi les Géometres n'avoient point épuiſé toutes les reſſources du génie pour ſuivre cet objet; mais comment faire paſſer une découverte qui les met en défaut ſi triſtement? Ils ont exprimé la ſurface du cercle avec 128 chiffres, & pour apprécier leur erreur, il faudroit au moins un 5 ſuivi de cent vingt-deux 9.

Quoique ce ne ſoit pas la tâche d'un quadrateur de faire sentir comment & pourquoi les autres se sont trompés, je veux cependant bien m'en charger pour inspirer au Lecteur une confiance qu'il aura bien moins de peine à m'accorder, lorsqu'il verra de ses propres yeux la fausse route que les autres ont suivie.

J'observerai d'abord que cette longue nomenclature de chiffres n'en doit point imposer, & les travaux immenses que les Géometres ont entrepris pour fournir cette carriere, ne servent qu'à prouver la certitude de cette science qui ne peut admettre que la vérité; on conviendra cependant que ces Géometres meritent indulgence, puisqu'après tant d'efforts, ils ont avoué l'inefficacité de leur travail, & on peut leur pardonner de s'être cru un peu plus près de la vérité qu'ils ne l'étoient réellement. Je dis un peu plus près; car pour réduire leur travail à la simplicité suffisante, il faut dire le quarré du rayon divisé en 1000 parties, la surface du cercle, selon eux, en contiendroit $3141 \frac{1}{10}$, & ils prétendent que $\frac{6}{10}$ seroient trop forts; la vérité cependant conduit à $3142 \frac{1}{10}$. Si l'on veut quelque chose de plus sensible, on divisera le quarré en 10000 parties, & selon eux on auroit $31415 \frac{9}{10}$, & il faut mettre $31421 \frac{1}{10}$.

L'Auteur (1) qui a traité cette matiere avec le

---

(1) Le nom de cet Auteur n'est exprimé que par ces

plus d'étendue & le plus de sécurité, assure par-tout que le rapport de Métius de 113 à 355 est en excès, & il assure par-tout qu'on doit prendre pour terme de comparaison le travail de Ludolph. En détruisant ces deux assertions, je n'aurai pas besoin de détailler toutes les absurdités qui en résultent. Après les magnifiques éloges que l'Auteur donne à Archimede, soit pour sa sagacité à trouver des nombres, soit pour son adresse à les manier, il n'est pas aisé de comprendre comment il peut abandonner un guide si sûr: Archimede, le seul qui ait travaillé utilement pour quarrer le cercle, nous donne deux rapports, l'un en excès, l'autre en défaut; il a calculé, pour les avoir, deux polygones de 96 côtés, l'un inscrit, & l'autre circonscrit. Le quarré du rayon étant égal à l'unité, il trouve le polygone circonscrit $= 3\frac{10}{70}$, & l'inscrit $= 3\frac{10}{71}$: pour mieux sentir les différences, j'étends l'expression en faisant le quarré du rayon $= 10000$, le polygone circonscrit sera $= 31428$ & l'inscrit $= 31408$, le moyen proportionel entre ces deux quantités $= 31418$. A la page 27, l'Auteur des Recherches réfute un Géometre qui faisoit le cercle

---

deux lettres initiales D. M., & encore n'est-ce que dans le Privilége accordé pour l'impression de son Ouvrage, intitulé : *Histoire des Recherches sur la Quadrature du Cercle.* Chez Jombert, rue Dauphine. A Paris.

moyen proportionnel entre les deux polygones semblables inscrit & circonscrit ; & il dit que ce moyen proportionnel seroit le polygone inscrit du double des côtés ; le nombre 31418 exprimeroit donc le polygone inscrit de 192 côtés ; mais le cercle doit être plus grand. L'Auteur cependant ne le fait que 31415. Pour moi, mon expression 31420 ressemble mieux à la vérité, & il est assez singulier que ce soient des nombres sourds, des quantités incommensurables qui conduisent à une pareille expression. Le rayon c étant $=1$, $c+d=\sqrt{2}$, & $d=\sqrt{2}-1$; j'ai trouvé pour le $\frac{1}{2}$ contour $10d-c$, & pour la surface $10cd-c^2$; d étant $\sqrt{2}-1$, $10d=10\sqrt{2}-10$, ôtez le quarré c^2 ou 1, vous avez $10\sqrt{2}-11$; or $\sqrt{2}$ avec 4 décimales $=1\frac{4142}{10000}$, prenez dix fois $=10\frac{41420}{10000}$, ôtez 11, reste $3\frac{1420}{10000}$; & quelque nombre de décimales qu'on prenne, on trouvera toujours un zéro à la fin, parce que tout sera multiplié par 10, ce qui semble nous dire que ce moyen est abusif, puisqu'à chaque pas que je fais la nature me pose une barriere : si effectivement je quarre le cercle par la voie naturelle en ajoutant à 3 fois le quarré du rayon la quantité qui convient, je trouverai pour le cercle 31421 +.

Pour revenir à Archimede, il sentit combien son rapport en excès étoit peu éloigné de la vérité, & il ne fit aucune difficulté de le prendre pour cette vérité qu'il désespéroit probablement d'obtenir. Les Géometres par leurs travaux ont seulement perfectionné son rapport foible, tellement qu'on peut dire que le cercle est bien prochainement moyen proportionnel entre le rapport de Métius de 113 à 355, & le rapport d'Archimede de 7 à 22; si au lieu de 7 je prenois 113, j'aurois 355 $\frac{1}{7}$, & le cercle seroit 355 & un peu plus que $\frac{1}{17}$, & un peu moins que $\frac{1}{11}$. Je ferai ici la remarque pour ceux qui n'y feroient pas attention, que lorsqu'on parle du diametre, c'est le contour qui y répond, & le $\frac{1}{2}$ contour au rayon. Comme aussi le quarré du rayon répond à la surface, & comme l'unité ne change point de dénomination à son quarré qui est 1, ainsi que sa racine, aussi le $\frac{1}{2}$ contour ou la surface ont alors une seule & même expression. Lorsque je prendrai ces expressions indifféremment l'une pour l'autre, on n'en devra plus être surpris.

L'Auteur des Recherches, sur la fin de son Livre, jette un coup-d'œil de compassion sur le Géometre-Astronome Longomontanus, qui vouloit qu'on poussât la surface du cercle à 31418, & de-là on voit que tout le Livre est construit sur ce principe. Je fatiguerois le Lecteur, si je copiois tous les endroits où il en est mention. Je me contenterai d'examiner un peu le tableau des polygones inscrits & circonscrits qu'on trouve à la page 56; en calculant ces polygones, du moins les circonscrits avec les décimales, & faisant le rayon égal à l'unité, on possede un double avantage qui séduisit les Géometres & les fixa dans un sentier qui ne pouvoit plus les conduire à la vérité. Le rayon étant = 1, la surface & le $\frac{1}{2}$ contour du polygone n'ont qu'une seule & même expression; & en faisant usage des décimales, on peut augmenter le rayon selon la progression décuple, & les décimales expriment toujours le $\frac{1}{2}$ contour en donnant des entiers: faisant le rayon = 1, le $\frac{1}{2}$ contour du premier polygone circonscrit de quatre-vingt côtés = 3, 143, & si on suppose le rayon = 1000, le $\frac{1}{2}$ contour sera toujours 3143; l'analogie fera trouver l'inscrit = 3140 plus une fraction qui passe les $\frac{4}{7}$; selon les principes mêmes de l'Auteur, le second polygone inscrit de 160 côtés & double du premier, sera moyen proportionnel, & conséquemment = 3141 $\frac{6}{7}$, & il ne fait le cercle que 3141 $\frac{5}{10}$: mais le cercle doit plus s'approcher du polygone circonscrit que de l'inscrit, il n'est donc pas surprenant qu'il aille jusqu'à 3142. Comme dès ce premier pas la nature posoit une barriere, on ne pouvoit passer outre sans la forcer, aussi l'a-t-on fait; & arrivant au quatrieme polygone circonscrit, on a trouvé 31416, expression tout-à-fait semblable à celle du cinquieme = 314160: l'expression manquoit donc pour ce polygone; nouvelle barriere dont on ne s'est pas plus inquiété que de la premiere; ainsi on a poussé jusqu'à la fin de la table où le dernier polygone circonſcrit eſt exprimé avec 14 chiffres, dont le dernier eſt un 6; & à la page 160, on trouvera la grande expreſſion du cercle, dont les treize premiers chiffres coïncident avec ceux du polygone, & le ſuivant eſt un 7; donc le cercle, d'après ce travail, eſt plus grand, & il enveloppe ſon polygone circonſcrit. Si le Lecteur veut examiner la page 52, il trouvera une formule qui feroit le polygone inſcrit plus grand que le cercle; abſurdité oppoſée à celle que nous venons de voir: mais je me laſſe de détailler ces procédés.

Trois choſes s'oppoſoient au ſuccès du travail qu'ont entrepris les Géometres pour quarrer le cercle; ils faiſoient le rayon égal à l'unité, & l'unité doit être toujours regardée comme un premier élément. Nous le verrons bientôt. Ils n'avoient pour calculer que les décimales, & c'eſt un de ces gros moyens ſubſidiaires que la nature laiſſe par bonté à ceux qui ne veulent pas ſe donner la peine de chercher les moyens ſimples & heureux dont elle fait uſage dans ſes opérations; Enfin loin de deſcendre au cercle par le polygone circonſcrit, dont les côtés, formés par une tangente, viennent à finir enfin par un point qui ſe confond avec la courbe; ils vouloient à toute force arriver par le polygone inſcrit, ce qui ne peut ſe faire; car le côté du polygone inſcrit eſt toujours une corde qui ſuppoſe au moins trois points de la courbe, & on ne peut y arriver qu'indirectement, comme on va le voir dans la démonstration suivante, que l'algebre nous fournira encore.

Si j'appelle a le rayon d'un cercle, & y sa circonférence, la surface sera $\frac{ay}{2}$; or, comme il est clair que $\frac{y}{2}$ contient trois fois a & un peu moins que son septieme, le produit $\frac{ay}{2}$ sera représenté par un rectangle qui contiendra trois fois le quarré a^2, & de plus un petit parallélogramme qui sera un peu moindre que le septieme de a^2, appellant P ce parallélogramme, il faudra certainement ajouter à $7P$ une quantité très-inconnue que nous désignerons par Z, pour pouvoir dire $7P + Z = a^2$; la quadrature dépend du développement d'une des inconnues P ou Z. Car si j'ai Z, en l'ôtant de a^2, le septieme de ce qui restera sera $= P$, & si j'ai P, l'excès de a^2 sur $7P$ sera $= Z$. Qu'on imagine maintenant une suite de termes tels que chacun soit six fois dans son conséquent moins son antécédent, comme seroient ceux-ci

$$\div\; 0.\; 1.\; \overset{d^2}{6}.\; \overset{c^2}{35}.\; 204.\; \overset{a^2}{1189}.\; 6930\ldots$$

&c. On peut pousser cette suite aussi loin qu'on le juge à propos; mais comme quatre termes suffisent à notre objet, je prends les quatre premiers, & si je fais le quarré du rayon $a^2 = 204$, il est clair qu'il sera = six fois $35 - 6$, & faisant $35 = c$, & $6 = d$; nous aurons $a^2 = 6c - d$; mais il est encore clair que si je fais le premier terme $I = S$, le quarré a^2 204 sera $= 35d - 6S$; donc je peux dire $a^2 = 6c - d = 35d - 6S$, & comme $a^2 = 7P + Z$, en ne laissant qu'une quantité au dernier membre de chaque équation, je dirai $7P + Z + d = 6c$, & $7P + Z + 6S = 35d$; si dans cette derniere équation je suppose $Z = S$, & que je divise tout par 7, j'aurai $P + S = 5d$. L'autre équation servira à prouver la vérité de la supposition; car si $P + Z = 5d$, mettant cette valeur dans l'équation $7P + Z + d = 6c$, nous aurons $6P + 5d + d = 6c$, donc d sera la différence entre P & C; si cela est, ôtant de chaque membre de la vraie équation, des quantités toujours égales, elle doit se réduire à zéro. Otons de $7P + Z + d = 6c$ d'un côté c, & de l'autre $P + d$, reste $6P + Z = 5c$; ôtons encore d'un côté $4c$, & de l'autre $4P + 4d$, reste $2P + Z - 4d = c$; enfin mettons zéro pour ce dernier c, & ôtons $P + d$ dans l'autre membre, nous aurons $P + Z - 5d = 0$; mais la supposition nous a donné $P + Z = 5d$, donc $5d - 5d = 0$, donc d est la différence entre c & P; ce qui signifie que si dans cette suite de termes ÷ 0. 1. 6. 35. 204. 1189. 6930. 40391. 235416. 1372105..... &c. Vous prenez un terme quelconque pour le quarré du rayon ; la surface égale trois fois ce terme plus son antécédent moins l'autre antécédent.

Toutes ces vérités étant bien certaines, elles nous donneront la solution de toutes les difficultés qui ont jusques ici arrêté les Géometres qui disent (par exemple) que le cercle est inassignable, parce qu'il est le dernier terme d'une suite infinie, & que *in infinito non datur ultimum ;* or, dans tous les cas, je vais assigner y, ou l'*ultimum* de la suite. Le rayon étant $= 1$ & la corde de $90^{\circ} = \sqrt{2}$, on peut avec ces deux lignes construire bien des cercles, soit en ajoutant 1 à $\sqrt{2}$ pour avoir un rayon $= 1 + \sqrt{2}$, ou bien le faisant $\sqrt{2} - 1$, ou $2 + \sqrt{2}$, ou $3 \pm \sqrt{2}$, & ainsi du reste. D'abord le rayon $= 1$ l'*ultimum* de la suite sera $20\sqrt{2} - 22$; si le rayon $= \sqrt{2}$, l'*ultimum* ou y sera $40 - 22\sqrt{2}$; si ce rayon $= 1 + \sqrt{2}$, y sera $18 - 2\sqrt{2}$. Enfin si on veut encore le faire $2 + \sqrt{2}$, y sera $18\sqrt{2} - 4$; & pour $3 - 2\sqrt{2}$, on auroit $104\sqrt{2} - 146$. Si tous ces *ultimum* ne sont pas véritables, il est impossible qu'ils soient dans un rapport constant ; or il est libre à chacun de l'examiner.

On sait que lorsqu'un cylindre a pour hauteur le diametre de sa base, on trouve pour la surface de son contour quatre fois la surface de sa base ; & si le cylindre avoit pour hauteur la circonférence de sa base, la surface du contour seroit alors = au quarré de la circonférence. Nous venons de dire que lorſque le rayon = 1, l'*ultimum y* cette circonférence = $20\sqrt{2} - 22$, & ſon quarré ſera $1284 - 880\sqrt{2}$; nous ſavons que le rayon étant = 1, le $\frac{1}{2}$ contour égale $3 + P$, & le contour ſera $6 + 2P$ dont le quarré = $36 + 24P + 4P^2$. Qu'on examine la *fig.* 4, le cylindre préſente le développement de ſon contour, où l'on voit les 36 quarrés chacun = à l'unité, reſtent quatre petits quarrés P^2, & encore deux longs rectangles qui chacun contiennent $12P$. Nous avons trouvé que la longueur de P étant = 1, ſa largeur = $10\sqrt{2} - 14$, prenant vingt-quatre fois = $240\sqrt{2} - 336$, le quarré $P^2 = 396 - 280\sqrt{2}$, prenez quatre fois = $1584 - 1120\sqrt{2}$; joignez toutes ces quantités $36 + 1584 - 336 + 240\sqrt{2} - 1120\sqrt{2}$, & vous retrouvez le quarré de notre *ultimum y* = $1284 - 880\sqrt{2}$. Veut-on faire uſage des nombres, on donnera 169 au rayon, le $\frac{1}{2}$ contour, comme nous avons vu, = 531, & le contour ſera 1062; dont le quarré = 1127844. Maintenant pour le cylindre développé, le quarré de 169 = 28561, prenez trente-ſix fois = 1028196; du $\frac{1}{2}$ contour 531 ôtez trois fois 169, reſte 24 pour la largeur de P, qui, multiplié par la hauteur 169 & ajouté 24 fois, = 97344; joignez-y quatre fois le quarré de P^2, $24 \times 24 = 576 \times 4 = 2304$; or $1028196 + 97344 + 2304 = 1127844$. Il eſt vrai qu'avec les décimales & tous les autres travaux, on pouvoit auſſi faire un calcul; mais incertain, parce qu'on n'avoit point de formule algébrique qui pût ſervir à exprimer directement le rapport des rayons à leur contour, ce qu'on ſentira encore mieux en comparant des cercles de grandeurs différentes. (*fig.* 5.) Décrivez un cercle quelconque que vous appellerez *A*, cherchez-en le ſinus verſe de 45°; & avec la diagonale du quarré de cette ligne, décrivez un ſecond cercle *B*; cherchez encore ſon ſinus verſe de 45°; & avec la diagonale du quarré de ce ſinus verſe décrivez un troiſieme cercle *C*; il vous ſera facile de voir que la circonférence de *A* vaut deux fois celle de *B* + celle de *C*, & que la ſurface de *A* vaut ſix fois celle de *B* — celle de *C*. Si vous faites le rayon de $B = \sqrt{2}$, celui de *A* ſera $2 + \sqrt{2}$, & celui de *C* ſera $2 - \sqrt{2}$; or par la découverte ci-deſſus, on trouve que la $\frac{1}{2}$ circonférence de $A = 9\sqrt{2} - 2$, celle de $B = 20 - 11\sqrt{2}$, & celle de $C = 31\sqrt{2} - 42$, multipliant donc chacune de ces $\frac{1}{2}$ circonférences par leur rayon, nous devons trouver dans leur produit un rapport ſemblable à celui qu'ont les ſurfaces de nos cercles entre elles.

Le rayon du grand cercle $A = 2 + \sqrt{2}$, la $\frac{1}{2}$ circonférence $= 9\sqrt{2} - 2$, produit de l'un par l'autre $= 14 + 16\sqrt{2}$. Le rayon du cercle $B = \sqrt{2}$, la $\frac{1}{2}$ circonférence $= 20 - 11\sqrt{2}$, produit de l'un par l'autre $= 20\sqrt{2} - 22$. Le rayon du petit cercle $C = 2 - \sqrt{2}$, la $\frac{1}{2}$ circonférence $= 31\sqrt{2} - 42$, leur produit $= 104\sqrt{2} - 146$; mais six fois la surface du cercle B — celle du cercle $C =$ la surface de A; or de six fois $20\sqrt{2} - 22$ ôtez $104\sqrt{2} - 146$, vous aurez $14 + 16\sqrt{2}$, surface du grand cercle A. Qu'on examine maintenant si avec les décimales & les autres travaux connus, on pourra avoir le rapport de ces cercles, même par une approximation supportable.

Il me reste un mot à dire sur cette quantité P qu'il faut ajouter à trois quarrés du rayon pour avoir la surface; sept fois cette quantité $+ Z$ $=$ le quarré du rayon; donc $22P + 3Z =$ la surface, & $28P + 4Z =$ le quarré du diametre, qui conséquemment excede la surface de $6P + Z$, valeur des quatre triangles mixtes qu'il faut ajouter au cercle pour avoir le quarré du diametre, & chacun d'eux (*fig.* 3) sera $= P\frac{1}{2} + \frac{Z}{4}$. Nous avons trouvé à l'article précédent que le quarré du rayon étoit $35d - 6S$; donc $7P + Z = 35d - 6S$, & divisant par 7, nous aurons $P = 5d - \frac{6S}{7} - \frac{Z}{7}$; ôtons P dans le premier membre de l'équation $7P + Z = 35d - 6S$, & son égalité dans le second; on aura $6P + Z = 35d - 6S - 5d + \frac{6S}{7} + \frac{Z}{7}$, cette derniere quantité Z eſt très-petite, & nous avons dans la quantité S un dernier élément à quoi j'ai réduit le quarré du rayon, le ſeptieme de cet élément eſt bien peu de choſe; les Géometres infinitaires diſent que lorſqu'on a deux quantités infiniment petites, on les peut prendre indifféremment l'une pour l'autre; la nature ſemble nous préſenter l'inſtant où on doit faire uſage de ce moyen; quand je dis faire uſage de ce moyen, ce n'eſt pas que je doute de la démonſtration où j'ai fait voir que Z étoit rigoureuſement égal à S; mais je veux dire que ſi on n'admettoit point cette démonſtration, la choſe ſeroit toujours vraie, ſelon le ſens où les Géometres, d'après leur aſſertion, devroient l'envifager. Déja en ſuppoſant à l'article ci-deſſus $Z = S$, nous avons eu une ſolution heureuſe, bien plus ici en diſant $\frac{Z}{7} = \frac{S}{7}$, & nous trouvons alors $\frac{6Z}{7} + \frac{Z}{7} = \frac{7Z}{7} = Z$, ce qui nous fournit le moyen d'effacer Z dans chaque membre: & en réduiſant, il nous reſte $6P = 30d - 6S$, & nous retrouvons toutes les ſolutions que nous avons eues, puiſque nous avons la quantité P qu'il faut ajouter à trois quarrés du rayon, pour avoir le dernier polygone inſcrit, & le même moyen nous donne la quantité qu'il faut ôter de quatre fois le quarré du rayon pour avoir le dernier polygone circonſcrit; mais ce n'eſt que l'algebre qui nous présente ces vérités, & elle ne parle qu'à notre esprit, & ne montre presque rien à nos yeux ; il n'y a que la Géométrie qui ait le double avantage de parler aux yeux en éclairant l'esprit : j'avouerai même que j'avois déja quarré le cercle géometriquement, lorsque je fis les réflexions précédentes qui émanerent de ma découverte, & j'ai commencé par elles, dans l'espérance que leur simplicité & la facilité de les concevoir inspireroit du courage au Lecteur pour suivre des détails longs & pénibles, qui sont d'autant plus ou moins fastidieux, qu'ils nous conduisent moins ou plus sûrement au but qu'on se propose. Ainsi laissant de côté tout ce que j'ai dit, je vais commencer un nouveau travail, en exposant d'abord ce que c'est que les élémens de la quantité irrationelle.

CHAPITRE

CHAPITRE II,

Où l'on développe la nature des élémens, de la quantité, & sur-tout de ceux qu'on appelle irrationels.

SOIT un quarré que j'appelle d^2, je joins sa diagonale à son côté pour en faire le côté d'un second quarré c^2, dont la diagonale & le côté me servent encore à construire le troisieme quarré b^2: je dis que d^2 est l'élément de c^2, & c^2 l'élément de b^2. L'ignorance de cette vérité a occasionné les travaux étonnans qu'ont entrepris les Géometres pour résoudre des difficultés qu'ils ont enfin jugées insolubles ou même chimériques; & la connoissance de ces élémens les réduisent à la plus grande simplicité; car si je prends le côté de b^2 pour en faire le rayon d'un cercle, la surface de ce cercle sera $= 3\,b^2 + c^2 - d^2$. Si je prends c^2 pour principe de la grandeur; b^2 m'ouvre la carriere de l'infiniment grand, & d^2 l'abîme de l'infiniment petit. Si je fais $c^2 =$ à l'unité, b^2 me fera trouver bien des rapports de la quantité irrationelle, & d^2 me conduira pour en donner les racines.

C^2 étant $= 1$, je tire sa diagonale (*fig.* 6) qui le divise en deux triangles chacun $= \frac{1}{2}$; si je construis le quarré de cette diagonale $=$ 4 fois le triangle $\frac{1}{2} = 2$; donc cette diagonale $= \sqrt{2}$; la joignant au côté 1, j'ai pour le côté de b^2, $1 + \sqrt{2}$ dont le quarré $= 3 + 2\sqrt{2}$; qu'on y fasse bien attention, $3 + 2\sqrt{2}$ nous présente un rectangle qui a pour largeur le côté de c^2, & pour longueur deux fois sa diagonale plus trois fois son côté, mais qui ne voit que la moyenne proportionnelle entre les deux dimensions de ce rectangle $= 1 + \sqrt{2}$, dont le quarré égal au produit de 1 par $3 + 2\sqrt{2}$: examinons maintenant ce quarré (*fig.* 6.) Je construis le quarré c^2, & à chacun des côtés marqués c, j'ajoute une ligne égale à sa diagonale, & j'ai deux côtés de b^2; je forme les quarrés de ces deux diagonales, & l'on voit que pour achever b^2, il ne faut plus que lui ajouter un quarré c^2; le quarré b^2 contient donc deux fois c^2, & deux fois le quarré de sa diagonale qui $= 4c^2$; mais ces deux derniers perdent, en se rencontrant au centre de la figure, un petit quarré que je prouverai $= d^2$, si je fais voir que son côté $+$ sa diagonale $=$ le côté de c^2; car c'est ainsi qu'en commençant nous avons pris le côté $+$ la diagonale de d^2 pour en faire le côté de c^2. Appellons x le côté de ce petit quarré, il est sûr que c'est l'excès de la diagonale de c^2 sur son côté, cette diagonale sera donc $c+x$ dont le quarré $= c^2 + 2cx + x^2$; j'ai tiré deux lignes obscures pour faire sentir les deux rectangles cx; le quarré de la diagonale vaut deux fois celui du côté, donc $2cx + x^2 = c^2$, transposant maintenant $2cx$, & ajoutant à chaque membre x^2, j'aurai $2x^2 = c^2 - 2cx + x^2$; mais ce dernier membre nous présente le quarré de $c-x$; $2x^2$ sera donc aussi le quarré de $c-x$, & $2x^2$ est le quarré d'une diagonale qui a conséquemment une racine bien positive, qui est $c-x$; or si à la diagonale $c-x$ j'ajoute le côté x, j'aurai $c-x+x=c$ côté de c^2; donc $c-x+x=c-d+d$, & d^2 étant l'élément de c^2, il en résulte que b^2 contient $6c^2 - d^2$, contient six fois son élément, moins l'élément de son élément. Nous avons fait $c^2 = 1$, sa diagonale $= \sqrt{2}$, & ôtant 1, reste pour l'excès x ou d, $\sqrt{2} - 1$, dont le quarré $= 3 - 2\sqrt{2}$; voilà donc nos trois quarrés $d^2 = 3 - 2\sqrt{2}$; $c^2 = 1$, & $b^2 = 3 + 2\sqrt{2}$; nous avons trouvé que b^2 contenoit $6c^2 - d^2$, & il faut conclure que ces trois quarrés forment une proportion qui n'est ni arithmétique, ni géométrique, mais qui tient de l'une & de l'autre; car ajoutez les deux extrêmes, & ils égalent le moyen terme multiplié par 6, ce qui nous apprend que si du moyen terme $\times 6$, vous ôtez un des extrêmes, vous aurez l'autre extrême; & de-là résulte la facilité de construire des tables qui, comme je l'ai dit, nous conduiront dans les deux infinis.

Je commence à en construire une, en mettant notre quarré c^2 ou l'unité en tête; à la droite, je mets le quarré b^2 ou $3 + 2\sqrt{2}$, & à la gauche le quarré d^2 ou $3 - 2\sqrt{2}$; il est facile de continuer, il ne s'agit que de multiplier un des extrêmes par 6, & retrancher son antécédent; or six fois $3 + 2\sqrt{2} = 18 + 12\sqrt{2}$; ôtez l'antécédent 1, reste $17 + 12\sqrt{2}$ pour second terme à droite; changeant + en —, le même terme servira pour la gauche; car ôtez 1 de six fois $3 - 2\sqrt{2}$, reste $17 - 12\sqrt{2}$; en continuant ce procédé, on poussera aussi loin qu'on jugera à propos: je n'ai mis que 7 termes, & on va voir les richesses qu'ils nous étalent déja. (*Voyez la Table ci-dessous.*)

	I
$3 - 2\sqrt{2}$	$3 + 2\sqrt{2}$
$17 - 12\sqrt{2}$	$17 + 12\sqrt{2}$
$99 - 70\sqrt{2}$	$99 + 70\sqrt{2}$
$577 - 408\sqrt{2}$	$577 + 408\sqrt{2}$
$3363 - 2378\sqrt{2}$	$3363 + 2378\sqrt{2}$
$19601 - 13860\sqrt{2}$	$19601 + 13860\sqrt{2}$
$114243 - 80782\sqrt{2}$	$114243 + 80782\sqrt{2}$

Je prends ſeulement le troiſieme terme à gauche; on ſent bien, je penſe, que c'eſt l'expreſſion d'un petit quarré élément du quarré $17 - 12\sqrt{2}$ qui le précede, comme celui-ci eſt élément de d^2 ou $3 - 2\sqrt{2}$ que nous avons fait élément de l'unité c^2; nous avons trouvé le côté de l'élément $d^2 = \sqrt{2} - 1$, excès de la diagonale de c^2 ſur ſon côté; pour avoir l'élément de d^2, il auroit fallu de même chercher ſa diagonale, dont le quarré $=$ deux fois $3 - 2\sqrt{2}$, ou $6 - 4\sqrt{2}$; extrayant la racine, on aura $2 - \sqrt{2}$ pour cette diagonale de d^2, dont l'excès, ſur le côté, donne le côté du quarré $17 - 12\sqrt{2}$; deux fois ce quarré donnera la diagonale, dont l'excès, ſur le côté, nous feroit trouver le côté du quarré $99 - 70\sqrt{2}$. Ce travail ſeroit long, pénible & faſtidieux, ſi nous n'avions trouvé le moyen de l'abréger, en conſidérant que chaque terme étoit ſix fois dans ſon conſéquent moins ſon antécédent; ainſi ce troiſieme terme $99 - 70\sqrt{2}$ contient ſix fois $17 - 12\sqrt{2}$, dont il faut retrancher l'antécédent $3 - 2\sqrt{2}$; & comme c'eſt un quarré qu'on appelleroit déja infiniment petit, il s'enſuit qu'en ôtant de 99 la quantité irrationelle $70\sqrt{2}$, il ne nous reſte que cet infiniment petit; donc $70\sqrt{2} = 99$ — infiniment petit; donc $\sqrt{2} = \frac{99}{70} = 1\frac{29}{70}$; mais nous ne ſommes qu'au troiſieme terme, que ſeroit-ce ſi on examinoit le ſeptieme, ſi on prenoit un dixieme, un quatre-vingt-dixieme terme, ou un plus éloigné encore ? à ce troisieme terme $1\frac{29}{70}$ on trouve juste $\frac{1}{4900}$ avec la vraie racine qui se trouveroit enfin au dernier terme de la table, s'il nous étoit permis d'atteindre à l'infini ; au défaut de ce, nous avons toujours avec certitude la racine & sa différenze en excès, qui est toujours l'unité divisée par le quarré du coefficient du terme irrationel. Ainsi le septieme terme de la table nous donne $\sqrt{2}$, & sa différence est l'unité divisée par le quarré de 80782. On sent bien qu'en changeant le rapport des termes de cette table, j'aurai toutes les autres racines sourdes avec autant d'exactitude que j'ai eu $\sqrt{2}$. Si on veut approfondir les propriétés de cette table, on verra qu'elle contient éminemment les découvertes les plus heureuses qu'aient fait les Géometres. C'est ainsi qu'on y trouve le moyen que présenta d'abord Pascal pour élever un binome par une voie arithmétique à une puissance quelconque, & que Newton traduisit ensuite en langage algébrique. Comme on ne trouve dans aucun livre élémentaire ces deux moyens exposés avec toute leur simplicité, je vais par occasion les exposer ici.

Pour élever un binome $a + b$ à toutes ses puissances, jusqu'à la septieme, par exemple, selon Pascal, on dispose les chiffres dont on doit faire usage en forme de triangle ; on écrit d'abord sur une premiere ligne horisontale les chiffres dans leur ordre naturel 2, 3, 4, 5, 6, 7. On pousferoit jusqu'à 10, 20, &c. si on vouloit la dixieme, vingtieme puissance; cette ligne s'appelle la ligne des exposans, & dessous le dernier, ici 7, on abaisse une ligne perpendiculaire où on placera les coefficiens des termes de la puissance, & cela en multipliant d'abord le dernier chiffre 7 par celui qui le précede 6, & divisant le produit par 2, premier chiffre de la ligne horisontale, on aura 21, qu'on écrit dessous 7; ce coefficient trouvé, on le multiplie par 5, & on divise le produit 105 par le second chiffre de la ligne horisontale = 3, ce qui donne 35 qu'on met sous 21; multipliant ensuite 35 par 4, & divisant par 4, on a encore 35, puis 35 par 3 divisé par 5, nous rend 21, qui, multiplié par 2 & divisé par 6, fait retrouver comme au commencement 7, & tout est fait.

Les termes qui composent une puissance surpassent toujours d'un les unités qui sont dans l'exposant; comme nous sommes à la septieme puissance, il y aura 8 termes; le premier sera une des lettres avec son exposant, comme a^7, & le dernier, l'autre lettre avec le même exposant b^7, les six termes intermédiaires seront formés du produit ab, précédé d'un coefficient, & chacune des lettres sera affectée d'un exposant qui diminuera progressivement à une des lettres, & augmentera à l'autre; ainsi nous prendrons à la ligne des exposans le premier terme a^7, & comme 7 appartient auffi à la ligne des coefficiens ; on aura pour fecond terme $7 a^6 b^1$, & de fuite $21 a^5 b^2 + 35 a^4 b^3 + 35 a^3 b^4 + 21 a^2 b^5 + 7 a^1 b^6$, & enfin b^7 ; fi on veut finir le triangle comme à la table ci-deffous,

2	3	4	5	6	7	8	9	10
	3	6	10	15	21			45
		4	10	20	35			120
			5	15	35			210
				6	21			252
					7			210
								120
								45
								10

on écrira fous 6 les coefficiens de cette puiffance, en multipliant 6 par 5 & divifant par $2 = 15$, enfuite 15 par 4 divifé par $3 = 20$; comme les termes font impairs, celui du milieu eft feul de fon efpece, & après lui on récrit ceux qu'on a déja trouvé 15 & 6 ; on en fera de même fous 5, 4 & 3. On voit aifément qu'il n'y a rien de fi facile que de généralifer ce procédé, & même plus fimplement que ne l'a fait Newton ; car à la place de 7, mettez une puiffance quelconque m, le nombre des termes fera toujours $m + 1$, le premier terme fera une des lettres avec l'expofant m,

& le dernier, l'autre lettre avec le même exposant; chacun des termes intermédiaires sera formé du produit ab précédé d'un coefficient, & chaque lettre sera encore affectée d'un exposant qui sera d'abord 1 pour b, & $m-1$ pour a; ensuite 2 pour b, & $m-2$ pour a, & toujours de même, jusqu'à ce que m soit détruit par le chiffre qui l'accompagne; quant aux coefficiens, le premier sera m lui-même, le second sera m multiplié par $m-1$, & divisé par deux; ce coefficient trouvé sera multiplié par $m-2$, & divisé par 3, & toujours de suite $\times$ par $m-3$, & divisé par 4, $\times$ par $m-4$ & divisé par 5, tant qu'il y aura de termes. Mais ce travail se trouve tout fait dans notre table; car si je désigne par a une ligne que j'aurai faite $=$ à l'unité, son quarré a^2 sera encore $=1$, & aussi son cube a^3; les Géometres disent que a^4, a^5, a^6, &c. seroient toujours $=1$; mais lorsque $a=1$, j'ignore absolument ce que c'est que a^4, & toutes les puissances suivantes; pour a^3, je vois clairement que c'est un solide qui présente six faces parfaitement semblables, & chacune $=a^2$. Si je donne à a une toute autre valeur que l'unité, si je le fais, par exemple, $=3$, a^2 changera de dénomination, & sera $=3\times3$ ou $=9$; a^4 seroit alors 81, qui est le quarré de 9, & ainsi a^4 n'est rien autre chose que le quarré de a^2, que l'on prend alors pour racine; il en sera de même des autres puissances a^6, a^8, &c.; & comme le ſolide eſt le dernier terme où aboutit l'opération de la nature, il ſemble que les puiſſances après a^3 ne ſont plus que des opérations arithmétiques qui ne préſentent rien aux yeux du Géometre. Pour le mieux ſentir, élevons encore le binome $a+b$ à ſa dixieme puiſſance; puiſque l'expoſant $=10$, elle ſera compoſée de onze termes, le dernier ſera b^{10}, & le premier a^{10}; le ſecond ſera $10\,a^9\,b^1$, où l'on voit que le premier coefficient $=$ l'expoſant 10, a perd une unité à ſon expoſant, & b paroît avec l'expoſant 1; le coefficient du troiſieme terme ſera 10×9, & diviſé par 2, & à chaque pas le multiplicateur diminuera comme l'expoſant de a d'une unité, & le diviſeur augmentera d'une unité; ainſi $10\times9=90$, diviſé par $2=45$, le troiſieme terme ſera donc $45\,a^8\,b^2$, au quatrieme terme, on aura 45×8 & diviſé par $3=120$; donc $120\,a^7\,b^3$, le ſuivant $210\,a^6\,b^4$, & le ſixieme $252\,a^5\,b^5$; comme c'eſt le terme du milieu, ceux qui vont le ſuivre ſeront les mêmes que nous avons trouvés en ordre inverſe; le ſeptieme terme, ſemblable au cinquieme, $=210\,a^4\,b^6$, & de ſuite $120\,a^3\,b^7+45\,a^2\,b^8+10\,a\,b^9+b^{10}$. Pour qu'on voie d'un coup-d'œil $\overline{a+b}^{10}=a^{10}+a^9\,b^1+45\,a^8\,b^2+120\,a^7\,b^3+210\,a^6\,b^4+252\,a^5\,b^5+210\,a^4\,b^6+120\,a^3\,b^7+45\,a^2\,b^8+10\,a\,b^9+b^{10}$. Faiſons $a=2$ & $b=3$, $a+b$ ſera $=5$, dont voici toutes les puiſſances juſqu'à la dixieme: 5, 25, 125, 625,

3125, 15625, 78125, 390625, 1953125, 9765625; or la sixieme puissance 15625 n'est rien autre chose que le quarré de la troisieme 125, & le cube de la seconde 25, & cette même sixieme puissance, multipliée par sa racine 125, donne au cube 1953125, neuvieme puissance de 5; on verra de même que la dixieme puissance n'est que le quarré de la cinquieme, & ainsi des autres, comme dans notre table, où tous les termes sont quarrés ou cubes les uns des autres, & il faut conclure que toute cette suite de puissances ne contient que des quarrés & des cubes où se bornent toutes les opérations de la nature; car les solidités & les superficies se ramenent au cube & au quarré, qui sont les figures premieres & les plus simples: c'est donc à bien connoître le cube & le quarré qu'il faut donner tous nos soins, & même un cube numérique n'est souvent qu'un quarré; 64 est le quarré de 8 & le cube de 4; aussi trouverons-nous moyen de résoudre avec des expressions qui semblent en algebre n'appartenir qu'à des surfaces, plusieurs difficultés qui se trouvent dans le solide.

Les Géometres disent que le cube est formé d'une infinité de surfaces assemblées les unes sur les autres, & chacune égale à un quarré qui est lui-même formé d'une infinité de lignes, qui sont aussi formées d'une infinité de points. La surface, disent-ils, est donc l'élément du cube, la ligne l'élément de la surface, & le point l'élément de la ligne.

Si cependant nous consultons simplement la raison, nous sentirons que l'élément doit être de la même nature que la chose élémentée; qu'un petit solide est l'élément d'un solide, un petit quarré celui d'une surface, & la ligne doit être élémentée par d'autres lignes; quant au point, je ne sais comment on a pu se contenter de la définition qu'en donne Euclide, que c'est une quantité indivisible & qui n'a point d'étendue. Il faut, ce me semble, distinguer deux sortes de points, le point linéaire & le point mathématique; celui-ci doit avoir un rapport connu & déterminé avec la surface dont il est l'élément; car comment espérer de connoître un tout par ses parties, si on ne connoît ces parties, & si on ne découvre l'assemblage qui les unit? Mais pour apprécier les parties d'un tout, il faut d'abord former uue mesure constante, &, s'il étoit possible, naturelle, comme nous essayerons dans la suite de la construire avec le point mathématique qu'on a toujours confondu avec le point linéaire, le seul dont on ait fait usage, & le seul qu'on ait entrepris de définir.

Voici comme on se sert du point que j'appelle linéaire pour construire une mesure (une toise par exemple) cet instrument dont nous faisons un si grand usage: on appuie sur un plan assez uni l'extrémité aigue d'un corps dur, & l'impression qu'il laisse sur le plan s'appelle un point; on en place ainsi douze dans une même direction, & on ne laiſſe entr'eux que la diſtance néceſſaire pour qu'ils ne ſe confondent pas l'un avec l'autre. On appelle ligne l'eſpace qu'ils occupent, & prenant douze de ces lignes, on en forme un pouce, qui, répété douze fois, donne un pied ; & comme douze de ces pieds auroient fait une meſure trop embarraſſante, on s'eſt contenté d'en ajouter ſix pour avoir cet inſtrument commode & portatif que nous appellons une toiſe. On ſent bien que cette meſure n'auroit point eu d'uniformité, ſi on avoit laiſſé à chacun la liberté de la conſtruire ; on auroit pris des pointes plus ou moins aigues, on n'auroit pas également diſtancié les points primitifs, & ainſi du reſte : l'opération étant donc une première fois faite, l'autorité du Magiſtrat intervint, & fixa la meſure qui en réſultoit ; on la garde bien précieuſement dans un endroit ſûr d'où on ne la tire que pour des cas importans, lorſqu'il s'agit, par exemple, de vérifier les étalons qui ſervent à conſtruire les meſures qu'on diſtribue dans tout l'état, &c.

Si le point que nous venons d'examiner ſuffit à peine pour une opération ſi ſimple, qu'en pourra-t-on eſpérer, lorſqu'il s'agira d'établir des raiſonnemens géométriques ? Le point élémentaire ou mathématique doit avoir un rapport fini, connu & déterminé avec la quantité qui en eſt formée ; ce point élémentaire n'eſt point encore celui qui ſert de terme fixe pour commencer ou finir une opération ; comme lorſque je dis, ſi jai un point quelconque *A*, (*fig.* 7) qui ſoit éloigné d'un point *B* deux fois autant que d'un autre point *C*; il eſt clair que je puis déſigner la diſtance de ces points, en tirant des lignes *A B*, *A C*; ſi je diviſe l'une d'elles comme *A C* en ſix parties, & que je déſigne par l'unité chacune de ces parties, ſûrement la ligne *A B*, qui eſt double, contiendra douze unités; que par tous les points qui annoncent la diviſion de *A C*, je tire maintenant des lignes égales & paralleles à *A B*, j'aurai ſix rectangles qui auront l'unité pour baſe & douze unités pour hauteur, chaque rectangle ſera donc égal à douze unités; mais c'eſt l'expreſſion de la ligne, le rectangle & la ligne ne ſont donc qu'une même choſe, & dès-là on voit que, loin qu'on puiſſe anéantir une des dimenſions de la ligne en la faiſant infiniment étroite, ſa largeur, au contraire, eſt toujours déterminée, & ſera égale à la plus petite partie dans laquelle on aura diviſé ſa longueur, & cette partie ſera toujours exprimée par l'unité, auſſi-bien que le petit quarré dont elle ſera le côté; tellement que la grandeur ne ſera qu'un aſſemblage d'unités, & l'élément de la grandeur en général ſera ou l'unité, ou une diviſion de l'unité.

Le corps, la matiere, l'étendue, la quantité, tous ces termes ſont compris dans ce ſeul mot; la grandeur ſe multiplie & ſe diviſe à l'infini; la multiplication nous éleve juſques dans l'infiniment grand, & la division nous fait descendre à l'infiniment petit. L'infinie grandeur n'est qu'un assemblage d'une énorme multitude d'unités ; & l'infinie petitesse, la division d'une unité poussée au dernier terme possible. Cette définition nous montre que c'est à l'unité qu'il faut se placer pour parcourir les deux infinis qu'embrasse le calcul géométrique. On a beau vouloir anéantir une des dimensions de la ligne en ne faisant attention qu'à sa longueur. Cette ligne infiniment étroite ne présente que la limite de l'étendue ; & si on veut à ce terme chercher un élément de la grandeur, ce sera toujours un rectangle ; & pour le prouver, j'en appelle au calcul infinitésimal lui-même dont on fait tant d'usage aujourd'hui. Car si j'ai un cercle dont le diametre soit *CD* (*fig.* 8.) tirant du centre de ce cercle un rayon que j'appelle *A*, & qui aboutisse à un point quelconque de la circonférence, comme *B*, abaissant de ce point sur le diametre, une perpendiculaire que j'appellerai *y*, appellant encore *x* la portion de ligne qui est entre cette perpendiculaire & le centre du cercle, j'aurai un triangle rectangle dont le rayon *A* sera l'hypothénuse, *y* le moyen côté, & *x* le petit côté ; & selon la propriété du triangle rectangle, nous aurons $y^2 + x^2 = a^2$, & transposant x^2, nous trouvons $y^2 = a^2 - xx$; mais *y* est une ligne variable que l'on peut abaisser de tous les points de la courbe, & *x*, qui variera aussi, sera toujours une portion du demi-diametre; tellement que le plus grand x possible contient tous les points où tomberont les perpendiculaires y, & multipliant y par tous les x, ou par le plus grand x qui les contient tous, j'aurai tous les élémens du quart du cercle représentés par cette formule $xy^2 = a^2 x - x^3$; suivant les lois de ce calcul, en divisant les termes où se trouve la variable x qui multiplie, par l'exposant où elle est élevée on a $\frac{xy^2}{1} = \frac{a^2 x}{1} - \frac{x^3}{3}$; or comme le plus grand x = le rayon a, on pourra dire $\frac{ay^2}{1} = \frac{a^3}{1} - \frac{a^3}{3}$, ce qui signifie que la quantité $ay^2 = \frac{2}{3} a^3$ = les $\frac{2}{3}$ du cube du rayon. ay^2 représente le quarré y^2 multiplié par tous les points que contient a, & qu'on dit infinis en nombre; d'où l'on conclut que la somme infinie des quarrés des élémens du quart du cercle = les $\frac{2}{3}$ du cube du rayon. Mais il semble qu'il faut s'exprimer ainsi, quel que soit le nombre des rectangles élémentaires qu'on suppose au quart du cercle, nombre qu'il sera toujours possible de supposer plus grand ou plus petit; la somme du quarré de tous ces rectangles élémentaires sera = $\frac{2}{3}$ du cube du rayon. Ne supposons, par exemple, que dix rectangles élémentaires au quart de cercle; le cube de 10 = 1000 & les $\frac{2}{3}$ = 666 $\frac{2}{3}$ qui doit égaler les dix quarrés de de ces élémens que nous pouvons calculer aisément ; car chaque élément y tombant sur le diametre, le divise en deux parties qu'on appelle abscisses, & toujours $y^2 =$ au produit des deux abscisses ; le plus grand élément, c'est-à-dire, celui qui sera abaissé du maximum de la courbe, & qui est égal au rayon, aura pour quarré $10 \times 10 = 100$; le quarré du second élément y sera $11 \times 9 = 99$; le troisieme 12×8 ; & enfin 13, 14, 15, 16, 17, 18 & 19 multipliés successivement par 7, 6, 5, 4, 3, 2, 1, & dont la somme $= 715$ qui est plus grand que $666\frac{2}{3}$; cette difficulté ne peut se résoudre que par notre supposition que la ligne élémentaire représente toujours un rectangle. Le plus grand élément que nous avons abaissé du maximum de la courbe, n'appartient pas plus à un quart de cercle qu'à l'autre ; & comme c'est un élément final qui ne se divise plus autrement que pour être réduit en unité, il faut prendre le quarré de cet élément & en donner la moitié à chacun des deux quarts de cercle : or, comme j'ai donné à notre quart de cercle la somme entiere du plus grand élément $y = 100$, il en faut retrancher la moitié, & de 715 retranchez 50, reste 665 ; nous voilà maintenant plus petits d'une unité $\frac{2}{3}$, ce qui vient de ce que notre dernier quarré 19×1 laisse encore après lui des parties infinitésimales à apprécier. Cette démonstration, après tout, nous apprend quelles sont les limites de ce calcul, & nous assure qu'un élément linéaire est toujours un rectangle qui doit se réduire en unités, la division desquelles nous donnera les points élémentaires.

L'unité se divise rationellement ou irrationellement, & ces deux divisions sont dans la nature tout aussi-bien que le nombre pair & le nombre impair; on n'est point étonné qu'un nombre impair ne puisse être divisé en deux nombres pairs & égaux; & il n'est pas plus surprenant que la moitié d'un quarré rationel ne puisse avoir une limite rationelle; ces deux vérités naissent d'une même source qui fournit deux systêmes, qui chacun se développe selon sa nature; l'un appartient à la quantité discrete, & l'autre à la quantité continue.

La quantité discrete est formée par l'unité, qui, en s'ajoutant, produit alternativement le nombre pair & le nombre impair. Qu'au premier nombre pair 2 j'ajoute 1, j'ai 3, premier nombre impair; car je regarde l'unité comme l'appui sur lequel & avec lequel on bâtit. Le nombre pair a la faculté de se diviser en deux parties égales qui sont alternativement paires & impaires. Le nombre impair, au contraire, ne peut se diviser en deux nombres entiers égaux; mais il nous donne une fraction, autre moyen fertile pour étendre le systême de la numération.

Quant à la quantité continue, elle doit se former par l'assemblage ou des superficies, ou des limites qui terminent les superficies ; si vous exprimez le côté d'un quarré par 2, premier nombre pair, la diagonale sera 3. Or, deux fois le quarré de 2 = 8, & le quarré de 3 = 9, qui surpasse d'une unité le double quarré ; donc la diagonale est moindre que 3, ce qui est bien sûr ; mais je prétends que c'est la porte par où il faut entrer pour avoir un rapport utile de la diagonale avec le côté ; ce rapport ne doit se trouver qu'après une suite infinie d'opérations, qui toutes m'en approchent avec efficacité, & me conduisent au dernier terme qui fermeroit le système de la législation numérique, s'il étoit possible d'y atteindre. Si j'avois une fois le vrai rapport de la diagonale au côté, ce seroit un type pour tous les quarrés qui sont infinis en nombre & en espece de grandeur, & on sent que cela répugne.

Si, par exemple, 2 & 3 donnoient ce rapport, lorsque le côté seroit 2000, la diagonale seroit 3000 ; mais deux fois le quarré de 2000 = 8000000, & le quarré de 3000 = 9000000, on voit la disparité prodigieuse : si cependant 2 & 3 ne me donnent pas le vrai rapport, ils m'ouvrent le chemin où je dois marcher pour arriver à 2000, ou au terme qui l'avoisine, & où je dois être d'autant plus près de la vérité, que j'ai parcouru plus de chemin.

Dans la table que j'ai formée (page 36) l'unité , à la branche décroiſſante , eſt réduite en élémens qui s'atténuent continuellement , & tendent à s'évanouir ; la diagonale ſuit la même loi , & nous montre toujours ſa différence avec la vérité ; & cette différence tend à s'évanouir de même que l'élément ; pour la branche croiſſante , elle donne les ſurfaces compoſées avec ces élémens , & voilà comme on y trouve la quadrature du cercle, lequel eſt compoſé des mêmes élémens que le quarré de ſon diametre. Toute parfaite que paroiſſe cette table, il lui manque cependant une propriété; elle ne donne la diagonale qu'avec un excès , & on deſireroit l'avoir auſſi exactement avec un défaut ; & c'eſt ce que va nous donner le procédé actuel , avec lequel je viens à bout d'interpoler entre chaque terme en excès , un qui ſuit la même loi , & qui eſt en défaut.

J'ai dit qu'en faiſant le côté d'un quarré = 2 , ſa diagonale étoit 3 , dont le quarré eſt excédent d'une unité ; joignez la diagonale 3 au côté 2 , vous aurez 5 pour le côté d'un nouveau quarré ; prenant deux fois le côté 2 + la diagonale 3 , vous aurez 7 diagonales du nouveau quarré ; or deux fois le quarré de 5 = 50, & le quarré de 7 = 49 , qui manque maintenant d'une unité : joignez 5 à 7 , vous aurez 12 , côté d'un quarré dont la diagonale = 17 , comme il eſt marqué à la table. Ces deux moyens réunis fournissent encore l'interpolation d'un terme entre chacun d'eux, terme plus parfait, mais qui est accompagné d'une fraction. Si 5, côté d'un quarré, devient diagonale, la moitié de la diagonale 7 sera le côté du quarré qui aura 5 pour diagonale; j'en dirai autant de 12 & 17, prenant $8\frac{1}{2}$ pour côté, la diagonale sera 12; interpolant ces trois termes entre chacun des termes de la table de la page 36, je compose la nouvelle table (*) à laquelle j'ai encore ajouté quatre termes qui ne sont pas à la premiere. Comme le signe $\sqrt{2}$ ne me sert plus de rien dans cette table-ci, je l'ai retranché, laissant seulement un point à chaque terme qui en étoit affecté à la premiere table; j'avois $3 - 2\sqrt{2}$, où 2 représente le côté du quarré; & 3 sa diagonale en excès; ici j'ai de même commencé par 3 & 2, mettant un point de chaque côté, pour rappeller que cela vient de la premiere table.

Table des nombres qui doivent exprimer $\sqrt{2}$, diagonale du quarré qui représente l'unité; & comme le quarré de cette diagonale n'est que double de son quarré générateur, on trouvera de même (page 56) les nombres pour avoir les quarrés triples, quintriples, &c.

(*) diag.	côté.	diag.	côté.
·3	2·	47321	33461.

diag.	côté.	diag.	côté.
5	$3\frac{1}{2}$	80782	$57121\frac{1}{2}$
7	5	.144243	80782.
12	$8\frac{1}{2}$	195025	$137903\frac{1}{2}$
.17	12.	275807	195025
29	$20\frac{1}{2}$	470832	$332928\frac{1}{2}$
41	29	.665857	470832.
70	$49\frac{1}{2}$	1136689	$803760\frac{1}{2}$
.99	70.	1607521	1136689
169	$119\frac{1}{2}$	2744110	$1940449\frac{1}{2}$
239	169	.3880899	2744210.
408	$288\frac{1}{2}$	6625109	$4684659\frac{1}{2}$
.577	408.	9369319	6625109
985	$696\frac{1}{2}$	15994428	$11309768\frac{1}{2}$
1393	985	.22619537	15994428.
2378	$1681\frac{1}{2}$	38613965	$27304196\frac{1}{2}$
.3363	2378.	54608393	38613965
5741	$4059\frac{1}{2}$	93222358	$65918161\frac{1}{2}$
8119	5741	.131836323	93222358.
13860	$9800\frac{1}{2}$	225058681	$159140519\frac{1}{2}$
.19601	13860.	318281039	225058681
33461	$23660\frac{1}{2}$	543339720	$384199200\frac{1}{2}$

Prenez dans cette table un terme quelconque, le petit nombre repréſente le côté d'un quarré, & le grand nombre la vraie diagonale; & je la dis vraie, parce qu'elle eſt ſur la route qui conduit à la diagonale infinie, dont le rapport, avec le côté, n'auroit plus qu'une différence infiniment petite, ou égale à zéro. Si on vouloit encore interpoler des nombres fractionaires, on ne trouveroit de bornes qu'en s'arrêtant au terme qui contiendroit l'unité, puiſqu'alors il paroîtroit ridicule de donner au côté une valeur moindre que l'unité, cette unité n'ayant pas été déterminée.

La table, telle que je la préſente, doit être regardée comme l'aſſemblage de quatre tables qui ſeroient chacune compoſées dans l'eſprit de la premiere; ſavoir, que dans chaque terme eſt ſix fois ſon conſéquent moins ſon antécédent: & tel eſt le procédé de la nature, lorſqu'elle a formé une quantité au point de ſervir d'élément, l'élément conſtructeur ſe retire; l'exiſtence de ces élémens eſt bien conſtatée; la géométrie les montre à nos yeux; le raiſonnement ſe joint à elle pour nous les donner algébriquement; & enfin l'algebre vient au ſecours de l'arithmétique pour l'aider à produire ce qu'elle ne pourroit achever toute ſeule; ſi je veux exprimer avec les nombres la ſuite des quarrés de la premiere table, je me trouve obligé de faire un premier terme $= 0$, comme ſi je diſois ÷ 0, 1, 6, 35, 204, &c.; ce qui ne me donne plus qu'une ſuite tronquée, & d'autant plus fauſſe, que j'en augmente davantage les termes. De-là on voit combien l'algebre eſt néceſſaire pour effectuer certains procédés auxquels l'arithmétique ſe refuſe. La table que j'ai donnée pour $\sqrt{2}$ peut ſervir de modele pour les autres racines ſourdes; je ne pouſſerai pas ces tables auſſi loin, je me contenterai de mettre les premiers termes de la branche décroissante. Pour $\sqrt{3}$, on mettra l'unité en tête, puis $7 - 4\sqrt{3}$, prenant quatorze fois & ôtant l'antécédent, on aura $97 - 56\sqrt{3}$, & de suite 1351—&c. Voyez les tables ci-dessous; pour $\sqrt{5}$, l'unité, puis $9 - 4\sqrt{5} \times 18$ — l'antécédent $= 161 - 72\sqrt{5}$; dix-huit fois $161 - 9 = 2889$, comme à la table, de même pour $\sqrt{6}$, $\sqrt{7}$ & les autres.

$\sqrt{3}$	$\sqrt{5}$
7 — 4	9 — 4
97 — 56	161 — 72
1351 — 780	2889 — 1292
18817 — 10864	51841 — 23184

$\sqrt{6}$	$\sqrt{7}$
5 — 2	8 — 3
49 — 20	127 — 48
485 — 198	2024 — 765

Les quarrés qui contiennent ces quantités peuvent se construire avec plus ou moins de difficulté; il suffira de construire les deux plus simples pour $\sqrt{2}$ & $\sqrt{3}$. Si au côté du quarré $c^2 = 1$, (*fig.* 9) j'ajoute l'excès d de sa diagonale, j'aurai $c + d$, dont le quarré $= c^2 +$ les deux petits rectangles $c\,d$, & encore le quarré d^2; ajoutant $c\,d$ au quarré 1, j'ai un rectangle $= \sqrt{2}$, parce qu'il a pour largeur l'unité, & pour longueur la ligne $\sqrt{2}$; mais un des petits rectangles $c\,d$ seroit $= \frac{1}{2}$, si on y ajoutoit le triangle rectangle isocele moitié de d^2; il est donc bien clair que c'est la soustraction de cette quantité qui occasionne l'irrationalité. J'ajoute encore un quarré 1 au rectangle $\sqrt{2}$, & j'ai $\sqrt{2} + 1$. On voit qu'il a la même dénomination que sa limite, de laquelle limite je forme le quarré qui doit être $3 + 2\sqrt{2}$; au rectangle $\sqrt{2}$ ajoutez $c\,d + d^2$, & vous aurez un quarré 2 qui joint au quarré $1 = 3$; ajoutez encore deux quarrés 1 & 2 rectangles $c\,d$, vous aurez $2\sqrt{2}$; car chaque quarré $1 +$ un rectangle $c\,d = \sqrt{2}$, & tout le quarré de $1 + \sqrt{2}$ contient $3 + 2\sqrt{2}$; les yeux suffisent pour appercevoir dans ce quarré total quatre quarrés 1, quatre rectangles $c\,d$, & un quarré d^2; or $2\,c\,d + d^2 = 1$; donc si nous avions encore d^2, nous aurions six unités ou $6\,c^2$; donc le quarré total $= 6\,c^2 - d^2 =$ six fois son élément moins l'élément de l'élément.

Désignant maintenant l'unité avec un même quarré c^2 (*fig.* 10), j'ajoute à deux fois le côté c, $\sqrt{3}$ que je prends au rectangle $\sqrt{2}$, dont la diagonale $= \sqrt{3}$, j'ai la limite du quarré $= 2 + \sqrt{3}$, & je forme le rectangle $2 + \sqrt{3}$ avec la ligne $c = 1$ pour largeur; on peut supposer que dans un quarré deux côtés étant situés perpendiculairement, les deux autres le sont horisontalement; ici le rectangle $2 + \sqrt{3}$ est vertical, tirons la ligne horisontale en mettant 1 à chaque extrémité, & $\sqrt{3}$ au milieu; en finissant le quarré, & tirant des lignes par toutes les divisions annoncées, on voit un quarré symétrique qui donne à sa partie supérieure deux rectangles $\sqrt{3}$, & au milieu de ces deux rectangles un quarré 3, & dans la partie inférieure deux rectangles, chacun = deux fois le quarré 1, & au milieu un rectangle qui vaut $2\sqrt{3}$; donc tout le quarré $= 7 + 4\sqrt{3}$. Si vous en voulez l'élément, de la limite 2 vous ôterez $\sqrt{3}$, & l'excès sera le côté du quarré élémentaire $= 7 - 4\sqrt{3}$; ce qui signifie que si vous construisez un quarré avec $\sqrt{7}$, & que vous en ôtiez quatre rectangles $\sqrt{3}$, il vous restera un espace égal à ce petit quarré, & ainsi de toutes les autres racines sourdes.

Il est bon d'examiner maintenant pourquoi les Géometres n'ont point connu les quarrés dont nous avons parlé jusques ici. Nous examinerons aussi ce qu'ils ont dit du quarré, & ajouterons ce qu'ils n'ont pas dit; car avant de chercher le quarré qui seroit égal à la surface du cercle, il est bon de s'assurer qu'on connoît bien l'essence du quarré lui-même, autrement on court risque d'employer sans succès un moyen qui n'a point assez d'analogie avec l'objet auquel on veut le comparer.

On ne savoit point réduire un quarré en élémens irrationels, & l'usage abusif des décimales s'opposoit à cette découverte. Qu'on se souvienne qu'en faisant le côté d'un quarré $= c$, & l'excès de sa diagonale $= d$, nous avons trouvé que le côté de d^2 + sa diagonale étoit = au côté c, en faisant $c = 100$, les décimales nous donnent pour la diagonale 141 ; donc $d = 41$, & la diagonale de d^2 seroit 59 ; le quarré de $41 = 1681$, deux fois ce quarré $= 3362$, & le quarré de $59 = 3481$. Une pareille approximation pouvoit-elle faire soupçonner la vérité qu'elle obscurcissoit ? Quelle sera la différence, si on donne des nombres vrais ; qu'on fasse le côté $c = 70$, sa diagonale sera 99, le côté d sera 29, & sa diagonale 41. Or le quarré c^2 sera 4900, deux fois ce quarré 9800, le quarré de la diagonale $c + d$ sera 9801, le quarré d^2 sera 841, deux fois 1682 & la diagonale $c - d = 41$, aura à son quarré 1681 : on voit que le quarré de la diagonale de c^2 surpasse d'une unité ses deux quarrés, & le quarré de la diagonale de d^2 est au contraire plus foible d'une unité ; c'est ainsi que la balance s'établit entre le vice de l'excès & du défaut ; on se contentoit de dire que c^2 étant un quarré rationel, d^2 étoit irrationel, & on ne détailloit guere ce que c'étoit que quarré rationel & irrationel.

Le quarré rationel est celui qui contient un certain nombre de petits quarrés chacun désignés par l'unité, & qui sont disposés dans un tel ordre, que le côté du quarré augmentant par unités, le reste du quarré augmente selon une certaine loi qu'il est facile de découvrir. Car prenons un petit quarré qui soit désigné par l'unité, on apperçoit clairement qu'il faudra y ajouter trois autres petits quarrés semblables, pour que le nouveau quarré ait 2 à son côté; puis il en faudra ajouter 5 pour qu'il ait 3 au côté, & de suite 7, 9, 11, &c. Ainsi un quarré rationel, c'est-à-dire, dont on trouve toujours le vrai côté, est formé par l'assemblage de la suite des nombres impairs, 1, 3, 5, 7, 9, 11, 13, &c. Si je veux donc par ce moyen former un quarré, comme seroit (par exemple) celui de 37 : je prends le trente-septieme nombre impair, qui est deux fois 37 — 1 ou 73, qui sera le dernier terme d'une suite arithmétique qui aura l'unité pour premier terme, & toujours 2 pour différence, & la somme des 37 termes qui composeront cette suite sera = 1369, quarré de 37; il en sera de même de tous les les autres. On voit donc que c'est avec bien de la raison que les Géometres ont désigné l'unité par un quarré qui sera toujours le dernier terme d'une surface décomposée; si je cherche la racine de ce quarré, c'est l'unité; si j'en veux former le solide, c'est l'unité; unité cubique, unité superficielle, unité radicale : il est impossible d'imaginer d'autre dénomination. On peut bien désigner différentes choses par l'unité, mais ce ne sera qu'un nom emprunté; jamais leur racine, leur solidité ne sera égale à l'unité. Le quarré seul peut représenter l'unitéabsolue : c'est cette unité qui sert de lien aux deux infinis opposés; c'est la source d'où découlent l'infiniment grand & l'infiniment petit, & c'est à l'unité, comme je l'ai déja dit*, qu'il faut se placer pour parcourir avec avantage ces deux espaces.

On sent bien qu'en ajoutant la suite des nombres impairs 1, 3, 5, 7, &c. qui forment les quarrés rationels 1, 4, 9, 16, on laisse en chemin bien des nombres qui donnent des quarrés, mais dont on ne peut avoir le côté exactement; entre 9 & 16 (par exemple) il y a six nombres qui peuvent faire des quarrés, & dont le côté ne pourra se trouver rigoureusement; puisque le côté du quarré 9 est 3, & celui de 16 est 4, il faut donc que les six quarrés intermédiaires aient pour côté 3 & quelque chose, ou 4 moins quelque chose; cette difficulté, qui arrête tout-à-coup l'Arithméticien, n'est d'aucune conséquence pour le Géometre qui prend les lignes telles qu'il les trouve; au lieu que l'Arithméticien est obligé de les représenter par des unités & des portions d'unités qui sont à tout instant inassignables. Tâchons d'appercevoir comment cela arrive, & composons des quarrés qui soient les uns rationels & les autres irrationels, & nous donnent les quarrés successifs qui représentent la suite de tous les nombres.

(*Fig.* 11.) Soit donc un premier quarré désigné par l'unité, le quarré de sa diagonale sera double ou = 2; or ajoutant au côté du quarré 2 l'excès de sa diagonale, nous ferons un quarré 2 qui sera augmenté de deux petites trapezes chacun = $\frac{1}{2}$; prenant ensuite la ligne *C* 3 diagonale du rectangle, qui a 1 pour largeur & $\sqrt{2}$ pour longueur, nous en ferons le quarré 3, qui sera encore augmenté de deux trapezes $\frac{1}{2}$, continuant ainsi avec *c.* 4, *c.* 5, *c.* 6, &c., on voit qu'avec une suite de trapezes = $\frac{1}{2}$, qui vont toujours en augmentant de longueur & diminuant de largeur, on auroit la suite des quarrés de tous les nombres possibles : or comme $\frac{1}{2}$ peut être représenté par tous les nombres, il ne peut avoir d'expression propre ; un des trapezes $\frac{1}{2}$ est formé de quatre dimensions, dont la plus petite est toujours inassignable ; ainsi, quand au côté 2 vous ajoutez la largeur des deux trapezes $\frac{1}{2}$, vous avez 2 + une quantité inassignable, & le tout s'appelle une racine sourde. Du quarré 1 au quarré 4, on voit 3 trapezes $\frac{1}{2}$; du quarré 4 au quarré 9, on en voit 5 ; du quarré 9 au quarré 16, on en trouveroit 7, & ils vont toujours en augmentant de même comme la suite des nombres impairs ; d'où l'on peut conclure que les quarrés rationels ne sont presque rien en comparaison de ceux qui ne le sont pas. Dans les cent premiers nombres, on ne trouve que dix quarrés rationels; mais après ils deviennent bien plus rares; car dans les trois cents qui viennent ensuite, il n'y en a encore que dix; dans les cinq cents suivans, encore que dix;

enfin encore, selon l'ordre des nombres impairs, dans les 7, 9, 11, 13, 15, 17, 19 cents suivans, on n'en trouve toujours que dix, ce dont il est facile de s'assurer; pour cela joignez les dix termes, depuis 1 jusqu'à 1900, vous trouverez 1000, & c'est le quarré de 100; donc il n'y a dans toute cette étendue 10000 que dix fois dix quarrés: il y auroit bien des remarques à faire sur tous ces quarrés; mais aucun d'eux n'est propre à quarrer le cercle directement, parce que ce sont des quarrés arithmétiques qui sont rationels ou irrationels; & il en faut revenir à nos quarrés géométriques, qui sont à la fois rationels & irrationels; ils sont rationels, car on voit le rapport qu'ils ont entr'eux; & ils sont irrationels, puisqu'on ne peut rigoureusement déterminer leur valeur numérique; mais aussi la géométrie nous servant de guide à cet instant, elle nous montre le choix des quarrés arithmétiques qu'il faut faire pour n'appercevoir aucune erreur; & voilà comme les quarrés arithmétiques servent indirectement à quarrer le cercle.

On sait que le quarré d'un binome est égal au quarré de chacun des termes plus deux fois le produit de l'un des termes par l'autre; & lorsque ce binome représente une diagonale comme $c + d$, l'excès, sur le côté du quarré, étant représenté par d, alors dans $c^2 + 2cd + d^2$, le côté du grand quarré c^2 eſt formé par le côté plus la diagonale de d^2, & d^2 étant lui-même un quarré, en déſignant par S l'excès de ſa diagonale ſur ſon côté, le côté de d^2 égale la diagonale plus le côté de S^2; & le quarré d^2 eſt ſix fois dans c^2 — le petit quarré S^2; c'eſt ainſi que ces quarrés peuvent être regardés comme rationels; nous avons aſſez examiné le moyen de les exprimer numériquement. Si, comme je le prétends, ce ſont-là les vrais élémens de la quantité irrationelle, on doit les retrouver par-tout; il eſt vrai que la grandeur ne peut pas toujours ſe réduire en quarrés, mais elle peut toujours ſe réſoudre en triangles; le cercle lui-même, comme polygone d'une infinité de côtés, eſt formé d'une multitude de triangles iſoceles, qui ont pour baſe le côté infiniment petit du polygone; & pour hauteur, le rayon qui ſe trouve alors confondu avec les deux côtés du triangle, qui ne ſont éloignés l'un de l'autre que d'un infiniment petit. Si l'on y veut faire attention, on verra que ce côté infiniment petit du polygone n'eſt pas une chimere; lorſqu'effectivement je veux tracer un cercle, j'écarte les deux jambes du compas, j'appuie l'extrémité de l'une d'elles à l'endroit où ſera le centre du cercle; & avec l'extrémité de l'autre, je marque un point qui commence la circonférence: mais je n'ai encore employé aucun mouvement circulaire pour marquer

ce

ce point, qui pourroit aussi rigoureusement commencer une ligne droite, La courbe & la droite n'ont donc qu'une même origine ; & c'est-là où je trouve le côté infiniment petit du polygone. Si on me demande combien la circonférence contient de points semblables, qu'on examine combien on en peut donner au rayon, en contient-il 70, la ½ circonférence en contiendra trois fois 70, & un peu moins que le septieme ou 220, qui passeront un peu la ½ circonférence. Si on en peut donner 169 au rayon, nombre que je choisis de préférence, on en trouvera 531 dans la ½ circonférence, & il faudra un infiniment petit pour l'achever.

Si après avoir composé un rayon de 169 points, j'en construis un de 169 pouces, décrivant avec ce dernier une circonférence concentrique à la premiere, la moitié de cette circonférence contiendra 531 pouces, que j'aurai en tirant des lignes droites qui partent du centre, passent sur les points de la petite circonférence, & se terminent à la grande circonférence. J'ai fait voir que les points de la petite circonférence étoient rigoureusement les mêmes que ceux qui donnoient origine à la tangente ; ce seront des arcs d'un pouce, qui, dans la grande circonférence, répondront aux points de la petite ; & je dis que dans cette grande circonférence l'arc d'un pouce & la tangente ne different que d'un infiniment petit, c'est-à-dire, point du tout ; il en feroit de même fi l'on faifoit le rayon de 169 pieds, 169 toifes, &c. ce feroit un arc d'un pied, d'un toife, &c. qui feroit confondu avec la tangente.

On m'objecte qu'en marquant le point qui commençoit la circonférence de mon petit cercle, j'ai pu fuppofer que les deux côtés du triangle ifocele, qui avoit ce point pour bafe, n'étoient effectivement éloignés que d'un infiniment petit ; mais qu'il n'y a plus moyen de faire cette fuppofition, lorfqu'au lieu d'un point je donne un pouce, un pied ou une toife à la bafe de ce triangle. Si l'on y veut bien faire attention, on verra cette objection fe détruire elle-même ; car le point que j'ai marqué à la petite circonférence eft l'unité à la mefure de laquelle je ramene toute l'étendue du petit cercle ; le triangle élémentaire, qui a ce point pour bafe, va toujours en s'atténuant jufqu'au centre où fon fommet eft infiniment aigu, la hauteur du triangle contient 169 points ; & fi on la coupoit par la moitié pour la joindre latéralement à fon autre moitié, on auroit un rectangle qui auroit 1 pour largeur & 84 $\frac{1}{2}$ pour longueur ; & comme on tireroit 531 petits rectangles femblables du $\frac{1}{4}$ cercle qui vaudroient 44869 $\frac{1}{2}$; en doublant, on pourroit placer toute la furface du cercle fur une feule ligne qui auroit le point unité pour largeur & 89739 pour longueur : or, fi vous prenez pour unité un pouce, un pied ou une toife, ce fera la même chose, seulement la ligne augmentera de largeur en même raison que la mesure que vous prendrez pour unité ; je ne prétends cependant pas que ce soit là rigoureusement un dernier polygone ; mais c'est dans ces instans que les côtés du polygone s'effacent.

Nous avons vu (*fig.* 3.) que la quantité *d* nous donnoit l'excès du quarré du diametre sur le cercle, qu'elle nous donnoit aussi le côté de l'octogone circonscrit. Si on veut faire un polygone de 16, de 32, 64, 128, 256, 512 côtés, ces côtés seront toujours une fonction de la quantité *d*, jusqu'à ce que *d* soit réduit à un point tangentiel, qui appartiendra alors indifféremment à la courbe & à la tangente ; or, 512 est une derniere division qui vient du polygone de huit côtés, comme 531 du polygone de 9 côtés ; il en feroit de même de bien d'autres, & l'on verra, lorsque je calculerai les sinus des arcs du cercle, qu'il y a un instant où le rapport du sinus à l'arc ne s'exprime point avec plus de précision, soit qu'on divise ce sinus en un million de parties, ou seulement en un petit nombre de parties, & même l'avantage est pour le petit nombre quand il est bien choisi. Je reviens à ma proposition, que tout espace peut se résoudre en triangles ; j'ajoute que tout triangle peut se réduire à des triangles rectangles ; & si tout triangle rectangle pouvoit devenir isocele, puisque le triangle rectangle isocele est la moitié d'un quarré, nous arriverions par ce moyen à nos points élémentaires ; mais tout triangle rectangle ne peut pas devenir isocele. Si je prends pour base le moyen côté d'un triangle rectangle, & que je le divise en vingt parties, si sa hauteur ou son petit côté n'en a que trois, ce triangle sera égal à un autre à qui je donnerai 12 de base & 5 de hauteur, 10 ou 8 de base & 6 ou $7 \frac{1}{2}$ de hauteur; les deux côtés 8 & $7 \frac{1}{2}$ ne different plus que de la moitié d'une unité, si je la partage en faisant chaque côté $= 7 \frac{1}{4}$, le triangle sera isocele; mais ce ne sera plus le même triangle, qui, dans tous ses passages, donnoit 60 en multipliant sa base 12, ou 10, ou 8 par sa hauteur 5, ou 6, ou $7 \frac{1}{2}$, & $7 \frac{1}{4} \times 7 \frac{1}{4} = 60 \frac{1}{16}$; ainsi, ne pouvant arriver au triangle isocele, il faut que les élémens de la quantité se manifestent de quelqu'autre maniere; ce sera cependant le triangle isocele qui nous servira de passage.

On ne sera pas étonné qu'un triangle rectangle isocele étant la moitié d'un quarré, on puisse faire avec lui tout ce que nous avons fait avec les quarrés; je trace donc un triangle rectangle isocele *ACB* (*fig.* 12.), je divise un de ses angles aigus *B* en deux parties égales, & je tire une ligne qui ira aboutir à un point quelconque *E*; & de ce point *E*, je mene une ligne *EM* qui tombe à angles droits sur *AB*; il est clair que la ligne *BE* devient l'hypothénuse commune de deux triangles rectangles semblables & égaux *ECB*, *EMB*; donc *BC* = *BM*, & *AM* sera l'excès diag. du premier triangle sur son côté; & c'est ainsi qu'autrefois nous avons pris l'excès de la diagonale pour avoir le côté du quarré élémentaire, & ici cet excès sera le côté du triangle élémentaire *AME*, que j'appellerai $2c$; sur ce point *E* (*fig.* 13.) j'éleve une perpendiculaire qui fait paroître un second triangle $2c$ que j'ai marqué 2, du même point je tire jusqu'à o une ligne inclinée de 45° au côté, & qui me donne un troisieme triangle $2c$, j'éleve sur o une perpendiculaire, autre triangle $2c$ marqué 4; enfin je tire de o une ligne inclinée de 45°, vient un cinquieme triangle $2c$, & il me reste un triangle mutilé que j'acheve en lui ajoutant le petit triangle $2d$ qui est l'élément de $2c$, car son côté est formé par l'excès de l'hypothénuse de $2c$; on peut enfermer $2d$ dans le grand triangle, comme je l'y ai mis en lignes ponctuées, & alors il se trouve à la place qu'occupe la moitié de d^2 dans mon procédé des quarrés (*fig.* 6.) on voit donc que certainement ce grand triangle $= 12c - 2d$, & comme $2d$ devient l'élément de $2c$, ainsi qu'on le voit au triangle $2c$ dont le sommet est confondu avec celui du grand triangle; donc aussi $2c = 12d - 2s$; il y a bien des moyens de générer ces triangles que j'ai donnés dans un autre ouvrage, je me contenterai d'en donner encore ici un qui est commun au quarré & au triangle. (*fig.* 14.)

Soit un quarré 4 *c* dont je tire la diag. ; je porte le côté sur cette diagonale, & de l'excès je forme le côté du quarré 4 *d*, dont l'excès de la diagonale, sur le côté, me donne 4 *s*, l'excès de la diagonale me donneroit un autre élément, & toujours de même. Le quarré primitif, divisé en deux par sa diagonale, vous montre les mêmes élémens, soit pour le triangle rectangle isocele comme pour le quarré. Maintenant, par le sommet *M* du triangle 2 *c* (*fig.* 15.), je fais passer une parallele à son hypothénuse ; & divisant en deux parties égales son angle aigu *A*, je tire une ligne *A d* jusqu'à la rencontre de la parallele ; de *d* je tire une autre ligne jusqu'à *E*, & j'ai un triangle obtusangle *A E d* = 2 *c*, puisqu'il a même base *AE*, & qu'élevé entre paralleles il a même hauteur : nous l'appellerons l'obtusangle 2 *c* : on connoît aisément les angles de ce triangle obtusangle ; car, par construction, l'angle aigu en *A* est de $22^\circ \frac{1}{2}$, & son autre angle aigu = 45°, vu que la ligne *d E* n'est qu'une partie de la ligne *B E*, avec laquelle, à la fig. 12, on a aussi divisé l'angle aigu *B* en deux parties égales ; les deux lignes tirées de *A* & de *B* sont chacune = à la corde de 45°, & en se rencontrant au point *d*, elles forment un angle obtus qui vaut un angle droit + 45°, & le supplément, qui appartient au triangle obtusangle 2 *c*, est donc = 45°, & l'angle obtuſangle de 2 *c* ſe trouve = 90° + 22° ½; or, ſi à cet angle obtus j'éleve ſur le point *E* une perpendiculaire comme celle que j'ai ponctuée, elle ſéparera de 2 *c* un petit triangle obtuſangle 2 *d* ſemblable au triangle total; car il a l'angle aigu commun en *d* de 45°, & la ponctuée retranche de l'angle obtus ſon excès ſur 90° = 22° ½, & ces deux angles aigus étant égaux à ceux de 2 *c*, le troiſieme l'eſt néceſſairement; & comme l'obtuſangle 2 *c* a un triangle rectangle iſocele qui lui eſt égal, nous en trouverons de même un égal au petit obtuſangle 2 *d*. J'établis donc cette propoſition générale, qu'un triangle rectangle iſocele eſt toujours égal à un triangle obtuſangle dont les deux angles aigus = l'un 22° ½, & l'autre 45°, & qui a de plus ſon moyen côté = à l'hypothénuſe du triangle rectangle iſocele. Nous avons vu que le triangle iſocele 2 *c* étoit un premier élément, on pourroit donc le dire auſſi de l'obtuſangle 2 *c*; or, pour avoir l'élément de 2 *c*, il faut porter ſon côté *AM* ſur ſon hypothénuſe de *A* en *I*; ſur ce point *I* on éleve la perpendiculaire juſqu'à *F*, & on a un triangle rectangle iſocele 2 *d* dont l'hypothénuſe égal à la ponctuée; car ces deux lignes ſont les deux côtés d'un triangle iſocele, & cette ponctuée eſt le moyen côté du petit obtuſangle que j'ai appellé auſſi 2 *d*, parce que, conſéquemment à la propoſition générale établie ci-deſſus, il eſt égal au petit triangle rectangle iſocele 2 *d*,

& de-là on voit que pour avoir avec le triangle obtuſangle 2 *c* les élémens que nous avons trouvés au triangle rectangle iſocele 2 *c*; il ne s'agit que d'élever des perpendiculaires ſur le moyen côté au ſommet de l'angle obtuſangle; ainſi, pour avoir au triangle rectangle 2 *d* l'élément 2 *s*, on porte ſon côté ſur ſon hypothénuſe; & en élevant à l'extrémité de la ponctuée une perpendiculaire, elle ſéparera du petit obtuſangle 2 *d* un petit obtuſangle 2 *s*, & toujours de même à l'infini dans les deux triangles égaux.

Il s'agit de ſentir comment ces élémens peuvent appartenir également aux quantités curvilignes & rectilignes. Il eſt clair que c'eſt l'excès de la diagonale ſur le côté qui nous a conduit pour trouver & exprimer ces élémens; on va voir que c'eſt de même l'excès de la diagonale ſur le côté qui conduit le développement du cercle. (*fig.* 16.) Soit un quart de cercle où j'inſcris le plus grand quarré poſſible, dont l'un des côtés ſera = au ſinus, & l'autre au coſinus de 45°, le quart de cercle ſe trouve fini en ajoutant à ce quarré deux triangles rectangles & deux ſegmens de 45°; il eſt clair que le ſinus, en croiſſant arithmétiquement, forme un des triangles qui eſt terminé lorſque le ſinus devient égal à la diagonale de ſon quarré; & en décroiſſant, il formeroit l'autre triangle. Si l'on fait le ſinus = 70, la diagonale de ſon quarré même choſe que le rayon ſera = 99; ainſi, d'un côté, le ſinus croiſſant & avançant de 70 pas, il augmente de 29 unités; & de l'autre côté, en décroiſſant, il diminue de 70 unités, en faiſant ſeulement 29 pas; mais ce même ſinus, en formant la courbe, il part du même point, & ſe termine au même terme; à la vérité il ſuit une loi différente dans ſa progreſſion, toutefois ſemblable dans les deux extrémités; la loi croiſſante qu'obſerve le ſinus en formant le triangle n'eſt rien autre choſe qu'une fraction qui prend pour dénominateur habituel le nombre qu'on ſuppoſe au ſinus, comme ici 70, & pour numérateur ſucceſſif, le nombre dont il doit ſe trouver augmenté à la fin de l'opération; ſavoir, ici 29. Le ſinus étant donc, comme nous avons dit, 70, au premier des 70 pas qu'il doit fournir, il ſera $70\frac{29}{70}$, puis $70\frac{58}{70}$. $70\frac{87}{70}$. $70\frac{116}{70}$, &c. juſqu'au ſoixante-dixieme terme, qui ſera $70+\frac{2030}{70}=70+29$. Si on avoit fait le ſinus $=169$, le rayon auroit été 239, & la fraction croiſſante au numérateur ſe feroit trouvée $\frac{70}{169}$: mais pour aider à décrire la courbe, ce ſinus ſuit une autre loi qu'on découvre, en ôtant ſucceſſivement du quarré du rayon ici $=9801$, le quarré de tous les nombres qui précedent 70; ainſi, ôtez d'abord le quarré de 69, puis de 68, de 67, 66, &c., & la racine du reſte donne la ſuite des ſinus croiſſans pour former la courbe.

De 9801 quarré du rayon 99, ôtez le quarré de $69=4761$, reſte 5040 dont la racine $70\frac{140}{141}$ donne le premier terme croiſſant, le ſuivant feroit $71 \frac{136}{143}$, puis $72 \frac{128}{145}$, $73 \frac{116}{147}$, & ainſi de ſuite, la différence des dénominateurs étant toujours de deux unités, & celle des numérateurs augmentant toujours de quatre unités, de 140 à 136, il y a quatre unités de 136 à 128 il y a huit unités ; de 128 à 116 ; il y a 12 ; au terme ſuivant il y auroit 16, & nous aurions $74 \frac{100}{149}$: on ſent bien que le nombre entier n'augmentera pas toujours d'une unité, lorſque la différence ſera plus grande que le numérateur, & alors il arrivera quelque changement dans la fraction, mais toujours conſtamment ; nous verrons cela plus en détail quand je calculerai les ſinus du quart de cercle ; pour le préſent nous ſommes bien ſûrs que les deux triangles ajoutés au quarré du ſinus, nous avons le quart de l'octogone inſcrit ; & joignant les deux ſegmens, le quart de cercle eſt parfait, & voilà pourquoi il y a tant d'analogie entre octogone & cercle ; on appercevroit auſſi cette analogie avec l'octogone circonſcrit, puiſqu'en prenant, comme nous avons fait, le point générateur au ſinus de 45°, le côté de l'octogone circonſcrit eſt formé par la quantité qu'il faut ajouter au ſinus pour en faire le rayon, laquelle eſt ici 29 ; & prenant deux fois ſon quarré, la racine de ce double quarré = le $\frac{1}{2}$ côté de l'octogone circonſcrit. Il eſt bien certain que cet octogone circonſcrit contient l'octogone inſcrit, & auſſi le polygone qui eſt auſſi diſtant de l'octogone inscrit, que lui octogone circonscrit est distant du cercle ; nous avons trouvé que ce polygone étoit le dodécagone ; & le dodécagone étant égal à trois fois le quarré du rayon, on voit clairement que ce sont nos élémens qui constituent cette figure, & cela devient tout aussi clair pour le cercle, quand on sait le moyen de tirer ces élémens d'un triangle obtusangle, comme nous l'avons fait ci-dessus.

Il falloit, pour quarrer le cercle, avoir une quantité assez irrationelle pour se lier avec sa courbe, qui est incommensurable, mais qui ne le fût pas trop pour se refuser au calcul ; & c'est ce que nous trouvons dans notre triangle obtusangle $2c$; si par l'élévation de la ponctuée, vous le divisez en deux triangles, l'un rectangle & l'autre obtusangle, chacun de ces triangles se prête au calcul : si au contraire vous le divisez en traçant d'un angle aigu, à l'autre un arc de 45°, (*fig.* 15.) il se trouve alors divisé le plus irrationellement possible ; & mettant ces quantités en proportion, on vient à bout d'apprécier la différence qui doit unir leur rapport. Ce sera donc ce triangle obtusangle $2c$ qui nous servira à quarrer géométriquement le cercle ; nous prendrons pour la moitié du quarré du rayon ce grand triangle de la (*fig.* 13) que nous avons divisé en élémens, & qui contient six fois $2c$, ou $12c - 2d$; chaque c égale un triangle quart du quarré $4c$, lequel $4c$ nous avons trouvé $= 3 - 2\sqrt{2}$; les triangles $2c$ ont de même pour élément $2d$, & contiennent $12d$ — un petit triangle $2s$, qui composeroit de même $2d$, & toujours de même à l'infini. Les triangles rectangles isoceles $2c$ sont égaux à des triangles obtusangles, où nous avons trouvé les mêmes élémens en élevant des perpendiculaires au sommet de l'angle obtus, sur le moyen côté du triangle; ainsi, du triangle obtusangle $2c$ ôtez son élément $2d$, reste un triangle rectangle $= 10d - 2s =$ au trapeze ou aux deux petits triangles rectangles qu'on trouve dans l'isocele $2c$ en ôtant son élément $2d$; ces triangles rectangles $10d - 2s$ composent aussi le grand triangle moitié du quarré du rayon, comme on peut le voir à la (*fig.* 17.) où j'ai construit deux triangles rectangles $10d - 2s$, deux autres semblables qui sont doubles, & chacun $= 20d - 4s$, & deux autres qui ne sont que moitié, & chacun $= 5d - s$, on a donc sept triangles $10d - 2s = 70d - 14s$; mais il nous reste encore au milieu de tous ces triangles un petit isocele $= 2s$; car nous avons dit que chaque $2c$ étoit $= 12d - 2s$, & il y en a $6 - 2d$; donc tout le grand triangle $= 70d - 12s$; c'est ce petit triangle $2s$ qu'il faut ôter deux fois du quarré du rayon pour prendre le septieme de ce qui reste, & l'ajouter à 3 pour avoir la surface du cercle, & comme c'est environ la cent quatre-vingt-dix-huitieme partie du quarré ; donc en ôtant du quarré du rayon sa cent quatre-vingt-dix-huitieme partie ; & prenant le septieme de ce qui reste, on a ce qu'il faut ajouter à trois fois le quarré du rayon pour avoir la surface. Mais soit dit par occasion, nous n'aurions cela rigoureusement que par le calcul algébrique. Passons au calcul géometrique.

CHAPITRE III,

Où l'on entreprend de quarrer le Cercle géométriquement.

Si j'inscris un octogone au cercle, il est clair que la surface du cercle égalera l'octogone plus huit segmens de 45°; & je connoîtrai tout, si je viens à bout de quarrer un de ces segmens que j'appellerai *x*: (*fig. premiere*, *pl.* 4.) A une des extrémités de *x*, je mene la tangente *AE*; & par son autre extrémité, je tire une ligne inclinée de 45° à sa corde; ce qui est même chose que si je prolongeois la corde du segment voisin jusqu'à la rencontre de la tangente; & je puis dire que le triangle obtusangle qui résulte de cette ligne conjointement avec la tangente & la corde, est ou égal, ou plus petit, ou plus grand que deux segmens. Il n'est pas égal ni plus petit; car, en le calculant, le prenant quatre fois & le joignant à l'octogone, il en résulte un rapport plus grand que 7 à 22; donc le triangle est plus grand que 2 *x*; mais si je viens à bout de trouver un autre triangle d'autant plus petit que celui-là est plus grand, j'aurai toujours la solution du problême: rien n'est si sûr.

Soit notre triangle obtusangle $=$ 2 *c*, les deux segmens $=$ 2 *x*; je dis que pour avoir un triangle *B* avec lequel on puisse dire $\div$ *B*. 2 *x*. 2 *c*; il faut, au sommet de l'angle obtusangle de 2 *c*, élever sur son moyen côté une perpendiculaire, comme j'ai fait, en ponctuant, pour qu'on la reconnût; cette ponctuée divise 2 *c* en deux autres triangles, l'un rectangle que j'appelle *B*, & l'autre obtusangle 2 *d* semblable au triangle total, & qui sera conséquemment la différence des deux extrêmes de la proportion; car bien certainement *B* $+$ 2 *d* $=$ 2 *c*, sa moitié sera la différence entre chaque terme, & son quart la différence entre *x* & *c*, ou entre $\frac{1}{2}$ *B* & *x*. Je prouve d'abord que le premier terme de notre proportion doit être un triangle rectangle; je prouverai ensuite qu'on ne peut, sans absurdité, en prendre un autre que *B*.

Nous avons dit que la surface étoit égale à l'octogone inscrit $+$ 8 segmens, que je nommerai 8 *x*; mais la surface seroit aussi égale à un rectangle qui auroit le rayon pour largeur, & la $\frac{1}{2}$ circonférence pour longueur; & comme la $\frac{1}{2}$ circonférence $=$ trois fois le rayon & un peu moins que son septieme, le rectangle aussi contiendroit trois fois le quarré du rayon & un petit parallélogramme (*fig.* 2.) qui seroit moindre que le septieme du quarré; désignant par *P* ce petit parallélogramme & faisant le quarré du rayon $=$ à l'unité, nous aurons surface du cercle $=$ 3

$+ P$, & ainsi nous dirons octogone $+ 8x = 3 + P$, d'où on tire la proportion arithmétique $P. 8x : \text{octogone} . 3$, dont est facile d'avoir la différence des termes $= 3 -$ octogone inscrit.

Lorsqu'on fait le quarré du rayon $= 1$, on trouve octogone inscrit $= 2\sqrt{2}$. Donc la différence des termes égale $3 - 2\sqrt{2}$, quarré parfait dont la racine $= \sqrt{2} - 1$. Le rayon étant $= 1$, la corde de $90° = \sqrt{2}$, & l'excès de cette corde sur le rayon est $\sqrt{2} - 1$, ligne qui sera conséquemment le côté du quarré que nous avons assigné pour différence entre 3 & octogone inscrit; j'appelle ce quarré $4c$ (*fig.* 3.); & comme octogone $+ 4c = 3$; donc aussi $P + 4c = 8x$; (n°. 3 si, comme j'ai fait à la fig. 2, on divise P par une diagonale, on aura deux triangles rectangles chacun $= \frac{1}{2} P$, & nous pourrons dire $\frac{1}{2} P + 2c = 4x$, d'où on tire cette proportion continue $\div \frac{1}{2} P. 2x. 2c$, & l'on voit que bien certainement le premier terme de la proportion est un triangle rectangle. *C. q. f. d.*

Mais, dira-t-on, $2c$ à cette derniere proportion est la moitié d'un quarré, & à la premiere, c'est un triangle obtusangle. D'ailleurs, votre triangle B est bien différent de $\frac{1}{2} P$, & rien n'assure qu'ils sont égaux.

Si l'on examine ce que j'ai fait à la fig. 3, on verra que j'ai divisé $4c$ par une diagonale qui me donne deux triangles rectangles isoceles. Chacun égal

égal 2 *c*; & faisant d'abord passer par le sommet *M* de 2 *c* une parallele à son hypothénuse, j'ai ensuite divisé en deux parties égales son angle *A* de 45°; & tirant une ligne jusqu'à *d*, où elle rencontre la parallele, cette ligne égale la corde d'un segment *x*; la construction toute seule de la fig. le fait appercevoir, & du point *d* j'ai tiré la ligne inclinée de 45°, ce qui m'a donné mon premier triangle obtusangle que j'ai appellé par anticipation 2 *c*, parce qu'il est égal à l'isocele 2 *c*, puisqu'élevé entre paralleles, il a encore la base commune *A E*.

Quant au triangle $\frac{1}{2}$ *P*, qui d'abord se présente avec une base égale au rayon, & dont la hauteur est inconnue, je dis qu'un triangle rectangle peut, sans cesser d'être rectangle, & sans perdre sa surface, passer par tous les angles aigus possibles, pourvu qu'on fasse varier sa base en raison de sa hauteur; si sa base égale 20, & sa hauteur 3, il restera le même, en faisant sa base 15, & sa hauteur 4, sa base 12, 10, 8, & sa hauteur, 5, 6, 7 $\frac{1}{2}$, &c.; & faisant ainsi varier sa base insensiblement, on le fera passer par tous les angles aigus. Notre triangle $\frac{1}{2}$ *P* est rectangle; nous connoissons donc son angle droit; nous connoissons sa base = au rayon; si nous avions encore un de ses angles ou sa hauteur, nous aurions tout; au défaut de ce, nous savons qu'il est petit terme d'une proportion dont nous connoisſons le grand terme $2c$; donc il doit s'extraire de $2c$, ce qui ne peut être qu'en amenant ſa baſe au point de ſe confondre avec celle que j'ai donnée à l'obtuſangle $2c$, & alors, pour avoir ſa hauteur, j'éleve la ponctuée, ligne qui ſe calcule & qui nous fait appercevoir $\frac{1}{2}P$ avec un angle aigu de $22^\circ \frac{1}{2}$, & égal au triangle rectangle B. Je trouve la ponctuée $= 3\sqrt{2} - 4$; la baſe $AE = 2 - \sqrt{2}$; multipliez ces deux lignes, vous aurez au produit $10\sqrt{2} - 14$, qui ſera donc la valeur de P; & ajoutant 3 pour les trois quarrés du rayon, on aura $10\sqrt{2} - 11$ pour la ſurface. Pour avoir des nombres, je prends $\sqrt{2}$ avec quatre décimales $= 1,4142$, multipliant par $10 = 10, 41420$, retranchant 11, reſte $\frac{31420}{10000} = 3\frac{1420}{10000}$; & ſi on fait le rayon ou ſon quarré $= 10000$, la $\frac{1}{2}$ circonférence ou la ſurface ſera $= 31420$; expreſſion ſinguliere qui nous donne un nombre entier & fermé, quoique nos lignes ſoient incommenſurables, & on voit que cela arrivera toujours, puiſque la racine eſt multipliée par 10; mais les limites adoptées ne font le cercle que 31415. Qu'il me ſoit permis d'examiner ce travail. Je fais pour cela uſage de deux vérités reconnues. La premiere, que le travail d'Archimede eſt ſûr & rigoureux; la ſeconde, qu'entre deux polygones ſemblables inſcrit & circonſcrit, c'eſt l'inſcrit du double des côtés qui eſt moyen proportionnel; or, ſelon Archimede, le quarré du rayon étant = 10000, le polygone circonſcrit de 96 côtés, = 31428, & l'inſcrit = 31408; or le moyen proportionnel, qui ſera le polygone de 192 côtés, = 31418; le cercle eſt ſûrement plus grand, & ma découverte le fait 31420, ce qui reſſemble mieux à la vérité que tout autre travail; auſſi ai-je encore bien des moyens pour aſſurer cette vérité, qui deviendra d'autant plus lumineuſe, qu'on l'approfondira davantage.

Il eſt inconteſtable qu'il y a un inſtant où le triangle $\frac{1}{2} P$ ſe trouvera avec la ligne AE pour baſe, & un inſtant où il paroîtra avec un angle de $22^{\circ} \frac{1}{2}$; ſi ces deux inſtans doivent ſe réunir, il n'y a plus de difficulté $B = \frac{1}{2} P$; & pour s'en aſſurer, il faut prouver l'abſurdité qu'il y auroit à ſéparer ces deux inſtans.

L'obtuſangle $2c$ contient viſiblement x, & ſon excès ſur x ſera c + la différence de x à c; j'appelle cet excès M; & déſignant avec r la différence de x à c, on dira $M = c + r$. Si dans la proportion $\div \frac{1}{2} P. 2x. 2c$, nous connoiſſions la différence des termes, nous aurions $\frac{1}{2} P$. Nous venons de déſigner avec r la différence de x à c, qui ſera auſſi la différence de $\frac{1}{4} P$ à x; $2r$ ſera donc la différence de $2x$ à $2c$, & $4r$ la différence de $\frac{1}{2} P$ à $2c$: nous avons $M = c + r$; ôtant r de c, reſte x, & l'ôtant de x, reſte $\frac{1}{4} P$; donc $M = c + r = x + 2r = \frac{1}{4} P + 3r$; & comme $x = \frac{1}{4} P + r$; $2c = \frac{1}{4} P + 3r + \frac{1}{4} P$

$+ r$; ce qui ſignifie que la moitié de $\frac{1}{2} P$ doit ſe trouver dans M, & l'autre moitié dans x; comme auſſi, choſe à quoi il faut bien faire attention, le quart de la différence de $\frac{1}{2} P$ à $2c$ ſe trouve dans x, & les trois autres quarts dans M.

Selon moi, la courbe traverſe B, & le partage en deux parties égales, & encore, en traverſant le petit obtuſangle $2d$, elle en emporte la quatrieme partie, & conſéquemment la différence de x à c que j'ai appelié $r = \frac{1}{2} d$.

Suppoſons maintenant, comme on le veut, que B ſoit plus grand que $\frac{1}{2} P$, nous pouvons en retrancher une quantité quelconque N, & dire $B - N = \frac{1}{2} P$; nous examinons préſentement $\frac{1}{2} P$ avec la baſe AE; & pour qu'il ſoit moindre que B, il faudra fermer un peu l'angle de $22° \frac{1}{2}$, ce qui (*fig.* 8. *pl.* 5.) nous donnera pour N un petit eſpace entre le grand côté de B & celui qu'on donneroit à $\frac{1}{2} P$; ainſi N ajoutée à r nous donneroit le quart de la différence de $\frac{1}{2} P$ à $2c$; car il eſt démontré que x doit égaler $\frac{1}{2} P +$ le $\frac{1}{4}$ de cette différence, & ce ne ſera plus la même choſe, ſi nous prenons $\frac{1}{2} P$ avec un angle de $22° \frac{1}{2}$, il faudra lui donner une baſe plus petite que la ligne AE, & pour hauteur une parallele à la ponctuée. La quantité N ſe trouveroit alors entre la ponctuée & la parallele, & il n'y auroit qu'un quart de N environ qui ſe trouveroit dans x; le quart de la différence, après avoir été $r + n$, deviendroit donc $r + \frac{1}{4} n$, ce qui est absurde.

Si l'on n'est pas content de cette démonstration *per absurdum*, il est possible d'en donner une autre. Il faut pour cela reprendre les choses de plus haut. Nous avons trouvé, pag. 80. $P + 4c = 8x$, ce qui donne la proportion arithmétique $\div P. 4x. 4c$, proportion bien sûre, & qui nous montre l'analogie qu'il y a entre les élémens qui servent à construire les figures curvilignes & rectilignes; analogie que nous connoîtrons parfaitement si nous trouvons la différence des termes de cette proportion. Nous avons $4c = 3 - 2\sqrt{2}$; & pour mieux sentir comment cela peut être, qu'on construise (*fig.* 2.) un rectangle avec trois fois le quarré du rayon, j'ai marqué r^2 chaque quarré. Qu'on prenne la corde de 90°, & qu'on la porte du centre c jusqu'au point E, où on élévera une perpendiculaire = au rayon = 1, on aura un rectangle qui aura 1 pour hauteur & $\sqrt{2}$ pour base; qu'on joigne deux rectangles semblables, on aura le rectangle $= 2\sqrt{2}$; & pour avoir le rectangle 3, il est clair qu'il faudra ajouter un petit parallélogramme qui sera $3 - 2\sqrt{2}$. Les yeux suffisent pour appercevoir que ce parallélogramme = le quarré $4c$ aussi $= 3 - 2\sqrt{2}$.

Pour commencer notre démonstration, divisons P, $4x$ & $4c$ en deux parties égales, & faisons attention à ce que c'est que $\frac{1}{2} P$, & la proportion dont il eſt petit extrême ; ſavoir, $\div \frac{1}{2} P.\ 2\,x.\ 2\,c$, comment des quantités ſi diſparates ont-elles pu ſe réunir, & auroit-on ſoupçonné la moindre analogie entr'elles, ſi l'Algebre ne nous l'eût appris ? Le grand terme $2\,c$ eſt un triangle rectangle iſocele, moitié d'un quarré que nous avons trouvé être le premier élément de l'unité diviſée irrationellement : quant à $2\,x$, c'eſt une grandeur intraitable que les Géometres n'ont pu ſoumettre à aucune eſpece de calcul, & ils croient même que c'eſt la plus haute folie de le tenter ; il ne paroîtra cependant pas ſi ridicule que j'aie eu deſſein de placer cette grandeur entre deux quantités, dont l'une fût d'autant plus grande, que l'autre feroit plus petite. L'Algebre a ſecondé mes vues, en m'apprenant que la plus grande quantité $2\,c$ étoit un triangle rectangle iſocele & connu, qui avoit pour côté l'excès de la corde de 90° ſur le rayon ; & la plus petite $\frac{1}{2} P$, un triangle rectangle qui avoit le rayon pour un de ſes côtés ; & prenant ce côté pour baſe, la hauteur du triangle eſt juſtement cette ligne à la pourſuite de laquelle les Géometres ont employé tous leurs efforts, mais infructueuſement ; car il falloit quarrer le cercle avant de pouvoir exprimer cette ligne. L'Algebre, après avoir lancé ce trait de lumiere, m'abandonne & ne me dit plus rien pour m'aider à connoître la différence qui regne entre ces quantités, & c'eſt la ſeule choſe dont j'aie beſoin ;

il faut de nouveau recourir à la Géométrie, tant il est vrai que ces deux sciences se prêtent un mutuel secours, & operent les plus grandes choses en allant de concert.

Que m'apprend donc la Géométrie ? Que les triangles, sans changer de valeur, peuvent varier à l'infini, & présenter une face qui s'unira avec $2x$, comme nous le trouvons dans l'obtusangle $2c$ où se construit rigoureusement x; donc m, nom que j'ai donné à l'excès de l'obtusangle sur x, nous donnera x & la différence de $2x$ à $2c$.

Si on vient à bout de réunir ainsi $2x$ & $2c$, cela sera encore plus facile pour $\frac{1}{2}P$, qui est un triangle rectangle, dont nous avons pris pour base le moyen côté = au rayon; faisant varier cette base au point de devenir égale au moyen côté de l'obtusangle $2c$, pour lors la hauteur du triangle $\frac{1}{2}P$ est confondue avec la ligne ponctuée; & si cette ligne nous donne, comme on le prétend, un triangle trop grand, on peut la diminuer; mais, chose à quoi il faut faire bien attention, on trouvera alors deux fois $\frac{1}{2}P$ dans $2c$, d'abord avec le moyen côté AE de l'obtusangle pour base, & le petit angle aigu moindre que $22^{\circ}\frac{1}{2}$, puis avec l'angle de $22^{\circ}\frac{1}{2}$, & une base plus petite que AE, & ces deux triangles doivent nous faire trouver une même différence, ce qu'on a déja vu impossible; donc aucun des deux ne peut être $\frac{1}{2}P$. Le vrai $\frac{1}{2}P$ doit nous laisser une difference dont le quart appartienne à x, & les $\frac{3}{4}$ à m; car c'est l'essence de x d'être $\frac{1}{4}$ P + la différence de x à c, & l'essence de m d'être $\frac{3}{4}$ P + trois fois la différence de x à c; il ne s'agit donc que de prouver qu'il n'y a qu'un seul triangle rectangle, qui, séparé de l'obtusangle $2\,c$, nous laisse une quantité $2\,d$ dont les $\frac{3}{4}$ appartiennent à m, & l'autre quart à x.

On se rappellera que, pour avoir l'élément irrationel d'un quarré, il faut porter son côté sur sa diagonale ; l'excès de la diagonale donnera le côté du quarré que nous avons appellé $4\,c$, duquel on tire de même $4\,d$ qui donne $4\,s$, & ainsi de suite. Pour quarrer le cercle, il faut s'arrêter à $4\,s$; si on veut descendre plus bas, on ne trouve que confusion, ou du moins une prodigieuse complication; ces élémens se trouvent de même dans les triangles rectangles & dans les obtusangles qui leur sont égaux; ainsi (*fig.* 5. *pl.* 5.)

Au $\frac{1}{2}$ cercle $A\,B\,O$ traçant un triangle rectangle isocele, moitié du quarré du rayon, j'y construis trois triangles $2\,c = 6\,c$, reste un quadrilatere $= 6\,c - 2\,d$ (1) que je divise en deux parties égales avec la ligne $B\,E$, qui sera la corde d'un segment $2\,x$; car prenant pour rayon la diagonale $B\,A$, nous aurons un cercle dont les dimensions en

(1) Nous avons vu aux fig. 12 & 13 que le grand triangle, moitié du quarré du rayon, étoit égal $12\,c - 2\,d$

ſuperficie ſeront doubles du premier ; je porte cette diagonale de B en O, & du point O, comme centre, je décris l'arc de 45° qui trouve ſa corde toute tirée, & me donne $2x$. Je trace de l'autre côté un arc ſemblable, & j'ai, dans le quadrilatere, $4x$ réunis en un ſeul tout ; ce qui nous ſera fort utile dans quelques inſtans.

Nous ſommes bien ſûrs que le quadrilatere $= 6c - 2d$; donc chaque ſegment avec ſon triangle mixte qui forme un triangle obtuſangle $= 3c - d$; & comme ce ſegment eſt double de celui du premier cercle, en donnant au ſegment du premier cercle un triangle mixte ſemblable, on aura un triangle obtuſangle iſocele $AND = c\frac{1}{2} - \frac{1}{2}d$: il faut ſe bien pénétrer de cette vérité ; car c'eſt d'elle que dépend la ſolution que nous allons donner ; ſavoir, que le $\frac{1}{4}$ du petit triangle $2d$, que la ponctuée ſépare de $2c$, appartient à x, & les $\frac{3}{4}$ à m.

En commençant ma démonſtration, j'ai pris la moitié de la proportion $\div P. 4x. 4c = \div \frac{1}{2}P. 2x. 2c$ pour faire voir que $2c$ étoit égal à un triangle obtuſangle où ſe conſtruit x, (*fig.* 6.) la ligne AE eſt tangente à une des extrémités du ſegment x, & par l'autre extrémité je mene encore une tangente qui me donnera le triangle mixte, qui, joint au ſegment x, forme le triangle obtuſangle iſocele $AND = c\frac{1}{2} - \frac{1}{2}d$. Donc le triangle, excès de $2c$, $= \frac{1}{2}c + \frac{1}{2}d$. Ceci étant bien sûr, je passe à la figure voisine & semblable, ou je tire la ponctuée qui sépare de $2c$ le petit triangle $2d$, reste un triangle rectangle $2c - 2d$, que nous avons appellé d'abord B, & qu'il faut montrer $= \frac{1}{2} P$. Le petit triangle $2d$ se trouve divisé en trois parties, dont l'une est toute entiere dans x, & je l'appellerai r; une autre que j'ai pointillée, & qui est un triangle rectiligne dont nous allons avoir la valeur; & entre ces deux paroît un espace qui n'est presque rien, mais que je désigne par y. La courbe en traversant le triangle B ou $2c - 2d$, elle le divise en deux parties égales, chacune $= c - d$; si cela n'est pas, & que la partie où est le segment soit plus petite ou plus grande d'une quantité n, le triangle mixtiligne isocele qui l'accompagne prendra l'excès, ou fournira le défaut; & comme la ponctuée a séparé de ce triangle la quantité y, il sera $\frac{1}{2} c \pm n - y$, & le triangle que j'ai marqué * 6 sera $\frac{1}{2} c - d + y$: si vous ajoutez à ce triangle le triangle pointillé, il devient $= \frac{1}{2} c + \frac{1}{2} d$. Le triangle pointillé égale donc $d \frac{1}{2} - y$; & en lui ajoutant la quantité y, il devient $d \frac{1}{2}$, & il ne lui manque plus que la quantité r pour être $2d$; donc $r = \frac{1}{2} d$. ou un quart $2d$. c. q. f. d.

A la figure précédente nous avons réunis $4x$ en un seul tout; & si nous faisons $= c$ chacun des triangles mixtes qui enferme chaque segment $2x$, nous aurons le grand triangle, moitié du quarré du rayon $= 8c + 4x$; deux triangles $2c$ égalent le quarré $4c = 3 - 2\sqrt{2}$, & $8c = 6 - 4\sqrt{2}$; le quarré du rayon étant $= 1$, le grand triangle $= \frac{1}{2}$; ôtez $6 - 4\sqrt{2}$, reste $4x = \frac{1}{2} - 6 + 4\sqrt{2} = 4\sqrt{2} - 5\frac{1}{2}$; cette valeur trouvée, nous connoissons tous les termes de notre proportion $\div P. 4x. 4c$; car de $4c = 3 - 2\sqrt{2}$, ôtez $4x = 4\sqrt{2} - 5\frac{1}{2}$, vous avez la différence des termes $= 3 - 2\sqrt{2} - 4\sqrt{2} + 5\frac{1}{2} = 8\frac{1}{2} - 6\sqrt{2}$. Tout ceci nous est venu d'une supposition, mais qui se réalise par la nature de la chose; car $4x$ étant $= 4\sqrt{2} - 5\frac{1}{2}$, prenant deux fois cette valeur pour $8x$, & joignant l'octogone inscrit $= 2\sqrt{2}$, on a pour la surface du cercle $10\sqrt{2} - 11$; ôtant 3 de cette surface, on doit trouver P, qui se trouvera de nouveau, en ôtant de $4x$ la différence des termes de la proportion; or, $4x = 4\sqrt{2} - 5\frac{1}{2}$; ôtant la différence des termes $8\frac{1}{2} - 6\sqrt{2}$, on a $4\sqrt{2} - 5\frac{1}{2} - 8\frac{1}{2} + 6\sqrt{2} = 10\sqrt{2} - 14$; & de la surface du cercle $10\sqrt{2} - 11$, ôtons 3, reste $10\sqrt{2} - 14$; ce qui ne peut arriver que lorsqu'on a & la vraie surface, & la vraie différence des termes de la proportion $\div P. 4x. 4c$.

Voyons à calculer encore le $\frac{1}{2}P$ que nous avons trouvé, & la différence $2d$; la base $AE = 2 - \sqrt{2}$, la ponctuée $= 3\sqrt{2} - 4$, produit de l'un par l'autre, $= 10\sqrt{2} - 14$, dont la moitié sera $= \frac{1}{2}P$. Quant à $2d$, c'est l'élément de $2c$, lequel $2\,c$ contient fix fois $2\,d - 2\,s$, & à la table (page 36.) nous trouvons l'élément de $4\,c = 17 - 12\sqrt{2} = 4\,d$; donc $8\frac{1}{2} - 6\sqrt{2}$ pour $2\,d$, qui eft la même différence que nous avons eue entre $4\,x$ & $4\,c$, & ici entre $\frac{1}{2}\,P$ & $2\,c$, ce qui eft même chofe.

En ôtant de $2\,c = 12\,d - 2\,s$, la quantité $2\,d$, il nous refte $10\,d - 2\,s$; donc $\frac{1}{2}\,P = 10\,d - 2\,s$; $2\,c$ étant $12\,d - 2\,s$, nous avons $2\,x = 11\,d - 2\,s$; & mettant fous chaque terme de la proportion fa valeur, nous trouvons,

$\div\ \frac{1}{2}\,P. \quad 2\,x. \quad 2\,c.$
$\div\ 10d - 2s. \quad 11d - 2s. \quad 12d - 2s.$ Si on veut
$\div\ 5\sqrt{2} - 7. \quad 2\sqrt{2} - 2\frac{1}{4}. \quad 1\frac{1}{2} - \sqrt{2}.$

prendre la valeur pofitive des d & des s, on a à la table l'élément $4\,d = 17 - 12\sqrt{2}$, & l'élément $4\,s = 99 - 70\sqrt{2}$; or $10\,d = 42\frac{1}{2} - 30\sqrt{2}$, ôtez $2\,s$, $= 49\frac{1}{2} - 35\sqrt{2}$, vous avez $42\frac{1}{2} - 30\sqrt{2} - 49\frac{1}{2} + 35\sqrt{2} = 5\sqrt{2} - 7$, & ainfi des autres. Le cercle fe compofe avec toutes ces quantités; (*pl.* 5. *fig.* 8.) dans le quart d'un cercle, dont le rayon feroit $= 1$, & le diametre $= 2$, je tire la corde de 90° qui fera $= \sqrt{2}$; fur le rayon AC, je prends AE, excès du diametre fur $\sqrt{2} = 2 - \sqrt{2}$, j'éleve fur le point E la perpendiculaire ponctuée $= 3\sqrt{2} - 4$; je divife en deux parties égales l'angle A de 45° avec une ligne qui ira rencontrer la ponctuée, & nous donnera l'hypothénufe du triangle rectangle $\frac{1}{2}\,P$,

& d'un autre égal & semblable, en faisant $A N = A E$, & élevant sur le point N une perpendiculaire égale à la ponctuée ; ces deux triangles $= P = 10\sqrt{2} - 14$; si j'ajoute à cette derniere perpendiculaire une petite ligne $= 10 - 7\sqrt{2}$, j'aurai $6 - 4\sqrt{2}$ qui sera la hauteur d'un triangle rectangle $= P$, qui aura pour base la ligne $B N = 2\sqrt{2} - 2$; & divisant en deux également l'angle B, je tire une ligne qui sera à la fois hypothénuse de deux triangles P.

Si je fais la petite ligne $10 - 7.\sqrt{2}$ hypothénuse d'un triangle isocele, j'aurai son côté, en séparant de la ponctuée une petite ligne $= 5\sqrt{2} - 7$; le reste de la ponctuée sera alors $3 - 2\sqrt{2}$; tirant au point de la division une perpendiculaire $= \sqrt{2} - 1$, j'aurai un parallélogramme égal $\frac{1}{2} P$; tirant une diagonale, j'aurai deux triangles chacun $= \frac{1}{4} P$; ainsi tout le triangle, moitié du quarré du rayon, contient deux triangles $\frac{1}{2} P$, deux triangles $\frac{1}{4} P$, & deux triangles P, reste un petit triangle rectangle $= 2s$; car il est la moitié de l'élément $4s = 99 - 70\sqrt{2}$, & $2s$ sera $49\frac{1}{2} - 35\sqrt{2}$. Prenons la valeur de toutes ces quantités ; trois fois $P = 30\sqrt{2} - 42 + \frac{1}{2} P$ ou $5\sqrt{2} - 7 = 35\sqrt{2} - 49$; ajoutez le petit triangle $49\frac{1}{2} - 35\sqrt{2}$, reste bien certainement $\frac{1}{2}$ valeur bien positive du triangle, moitié du quarré du rayon. Ajoutons à ce triangle le segment de 90° que je divise en deux parties égales ; de chaque partie, j'ôte le ſegment x, reſte un triangle rectangle, où je trouve l'obtuſangle $2c$ dont je ſépare avec une ponctuée le triangle $2d$, & tout le ſegment contient $2x$, deux fois $\frac{1}{2}P$, deux fois $2d$, & deux triangles rectangles $= \frac{1}{4}P$, ou chacun $= \frac{1}{8}F$. $2x = 2\sqrt{2} - 2\frac{1}{4}$, deux fois $\frac{1}{2}P = 10\sqrt{2} - 14$, $\frac{1}{4}P = \frac{5\sqrt{2}-7}{2}$, ces trois quantités $= 14\sqrt{2}\frac{1}{2}$ $- 20\frac{1}{4}$; ajoutez $4d$ ou $17 - 12\sqrt{2}$, le tout $= 2\sqrt{2}\frac{1}{2} - 3\frac{1}{4}$. Ajoutez à ce ſegment de 90° le grand triangle $\frac{1}{2}$, vous avez pour le quart de cercle $2\sqrt{2}\frac{1}{2} - 2\frac{3}{4}$, & prenant quatre fois $= 10\sqrt{2}$ $- 11$ pour tout le cercle. Les x ſeront encore plus favorables pour quarrer le cercle. Nous ſavons qu'en ôtant x de l'obtuſangle $2c$, il nous reſte une quantité $m = x + d$; j'établis donc (*fig.* 7.) un quart de cercle, où je tire les deux cordes de 45° qui me donnent deux ſegmens, à qui j'en joins deux autres dans l'intérieur du cercle; j'y ajoute les quantités m, ou $x + d$, & j'ai le ſegment de 90°, contenant $6x + 2d$ avec un triangle $\frac{1}{4}P = 5d - s$, & tout le ſegment $= 6x$ $+ 7d - s$.

Dans le grand triangle $\frac{1}{2}$ moitié du quarré du rayon, j'unis d'abord deux triangles obtuſangles $2c = 4x + 2d$, je forme le quadrilatere où ſe trouvent les deux grands ſegmens chacun $= 2x$; pour en faire $4c$, il faut ajouter à chacun une quantité $2m$; cette opération faite, il reſte dans le grand triangle un petit triangle rectangle $= c - d$ ou $5\,d - s$; mais nos x avec leurs m se pénetrent mutuellement, & perdent, en fourant leurs becs pointus l'un dans l'autre, un espace $= c + d = 7\,d - s$; donc le grand triangle contient $6\,x$ positifs, $6\,m = 6\,x + 6\,d$ + le triangle rectangle $5\,d - s$ — le triangle isocele $7\,d - s$, le tout $= 12\,x + 4\,d$; ajoutez le grand segment $6\,x + 7\,d - s$, vous avez pour le quart de cercle $18\,x + 11\,d - s$; mais $11\,d - s$ surpasse $2\,x$ de la quantité s; donc tout le quart de cercle $= 20\,x + s$, & le cercle entier $= 80\,x + 4\,s$.

Nous avons à notre proportion $4\,x = 4\sqrt{2} - 5\frac{1}{2}$, en multipliant par 20 on a $80\,x = 80\sqrt{2} - 110$; ajoutez l'élément $4\,s$ ou $99 - 70\sqrt{2}$, & tout le cercle $= 10\sqrt{2} - 11$, comme on l'a déja tant de fois trouvé; & on voit qu'il est plus facile de quarrer le cercle avec les x qu'avec toute autre quantité; car ôtez au centre du cercle un petit quarré $= 4\,s$, & le reste vaut 80 segmens de 45°.

Quant aux triangles $2\,c$, nous en avons assez souvent fait usage; & comme cela ajoute une nouvelle branche à la Géométrie, nous allons présenter le tout sous la forme élémentaire.

Lorsque l'étendue sera ramenée au quarré, & qu'on voudra la réduire en élémens irrationels, on portera le côté du quarré sur sa diagonale, l'excès donnera le côté du quarré élémentaire, que nous avons appellé $4c$, duquel, par un moyen semblable, on tirera l'élément $4d$, qui donnera l'élément $4s$, & toujours de même à l'infini. Le premier quarré contient six fois son élément $4c - 4d$ élément de $4c$; si ce sont des triangles rectangles isoceles ou obtusangles, chacun d'eux contiendra de même six fois son élément moins l'élément de l'élément, la moitié du quarré sera six fois $2c$ ou $12c - 2d$; $2c$ sera $12d - 2s$, $2d$ sera $12s$ moins l'élément de $2s$, ainsi des autres.

Ayant donc un triangle rectangle isocele *ACB*, comme on l'a vu à la fig. 12, pl. 2, je porte son côté *AC* sur son hypothénuse de *B* en *M*; sur le point *M*, j'éleve la perpendiculaire *ME*, qui me donne le triangle élémentaire $AME = 2c$; je divise le reste du triangle en deux parties égales avec la ligne *BE*, & j'ai deux triangles rectangles égaux & semblables, chacun égal $5c - d$. Si je prends au contraire pour élément du grand triangle un triangle obtusangle $= 2c$ (*fig.* 6, *pl.* 5.) il me restera dans le grand triangle un des triangles rectangles $= 5c - d$, & le nouveau triangle qui résulte de cette construction sera aussi $= 5c - d$; prenant *AC* pour le rayon d'un cercle, j'en décris la quatrieme partie; & tirant les deux cordes de 45°, reste dans le grand segment de 90° un triangle obtusangle aussi $= 5c - d$; ce qui nous donne le $\frac{1}{4}$ de l'octogone inscrit égal au triangle

triangle $2c$ à deux triangles obtusangles $= 10c - 2d$, & un triangle rectangle $5c - d$, le tout $= 17c - 3d$.

Nous avons trouvé $2x = 2c - d$, ajoutons-les au $\frac{1}{4}$ du polygone, & nous avons le quart de cercle $= 19c - 4d$, & comme le quarré du rayon $=$ six fois $4c - 4d$ ou $24c - 4d$; donc si je veux finir le quarré du rayon, le triangle mixte qu'il faut ajouter au quart de cercle sera $= 5c$; prenant la courbe pour base de ce triangle, sa hauteur sera égale à la ligne qui nous a donné le côté du quarré $4c$; savoir, l'excès de la diagonale sur le côté, ou, ce qui est la même chose, l'excès de la corde $90°$ sur le rayon. Au point où cette ligne touche la courbe, je mene une tangente que je prolonge des deux côtés, & qui devient l'hypothénuse d'un triangle rectangle isocele qui sera égal au quarré $4c$ (1), & il me

(1) L'usage qu'ont adopté les Géometres de faire le quarré du rayon égal à l'unité, m'a réduit à la nécessité de faire alors le quarré $4c$ égal $3 - 2\sqrt{2}$. Mais lorsque je fais $4c$ égal 1, le rayon du cercle devient égal à la diagonale & au côté de $4c$, devient égal $1 + \sqrt{2}$, son quarré égal $3 + 2\sqrt{2}$, quatre fois égal $12 + 8\sqrt{2}$ pour le quarré du diametre; ôtez-en quatre fois $5c$ ou 5, reste pour le cercle $7 + 8\sqrt{2}$, produit du rayon $1 + \sqrt{2}$ par la $\frac{1}{2}$ circonférence, égale $9 - \sqrt{2}$.

Il faut se rappeller que la $\frac{1}{2}$ circonférence est égale à dix fois l'excès de la diagonale du quarré du rayon moins le rayon, lequel rayon étant égal $1 + \sqrt{2}$, la diagonale égale

reste deux petits triangles mixtes chacun $= \frac{1}{2} c$; cette vérité découverte, je me suis apperçu que le travail seroit abrégé de beaucoup, si on pouvoit la démontrer directement, & c'est ce qui a donné lieu à la démonstration que j'ai d'abord rendue publique, & que je vais remetre encore ici, pour que tout ce qui dépend de ce travail soit réuni sous un seul point de vue.

$2 + \sqrt{2}$ dont l'excès égal 1; prenez dix fois égal 10, ôtez-en le rayon, reste $9 - \sqrt{2}$. Cette vérité, absolument neuve, découle de cette autre qui est aussi nouvelle; savoir, que lorsqu'on a deux quantités d & c, dont l'une c est le côté d'un quarré, & d l'excès de la diagonale sur le côté, toujours $c + d$ égal $\sqrt{2c^2}$, & $c - d$ égal $\sqrt{2d^2}$.

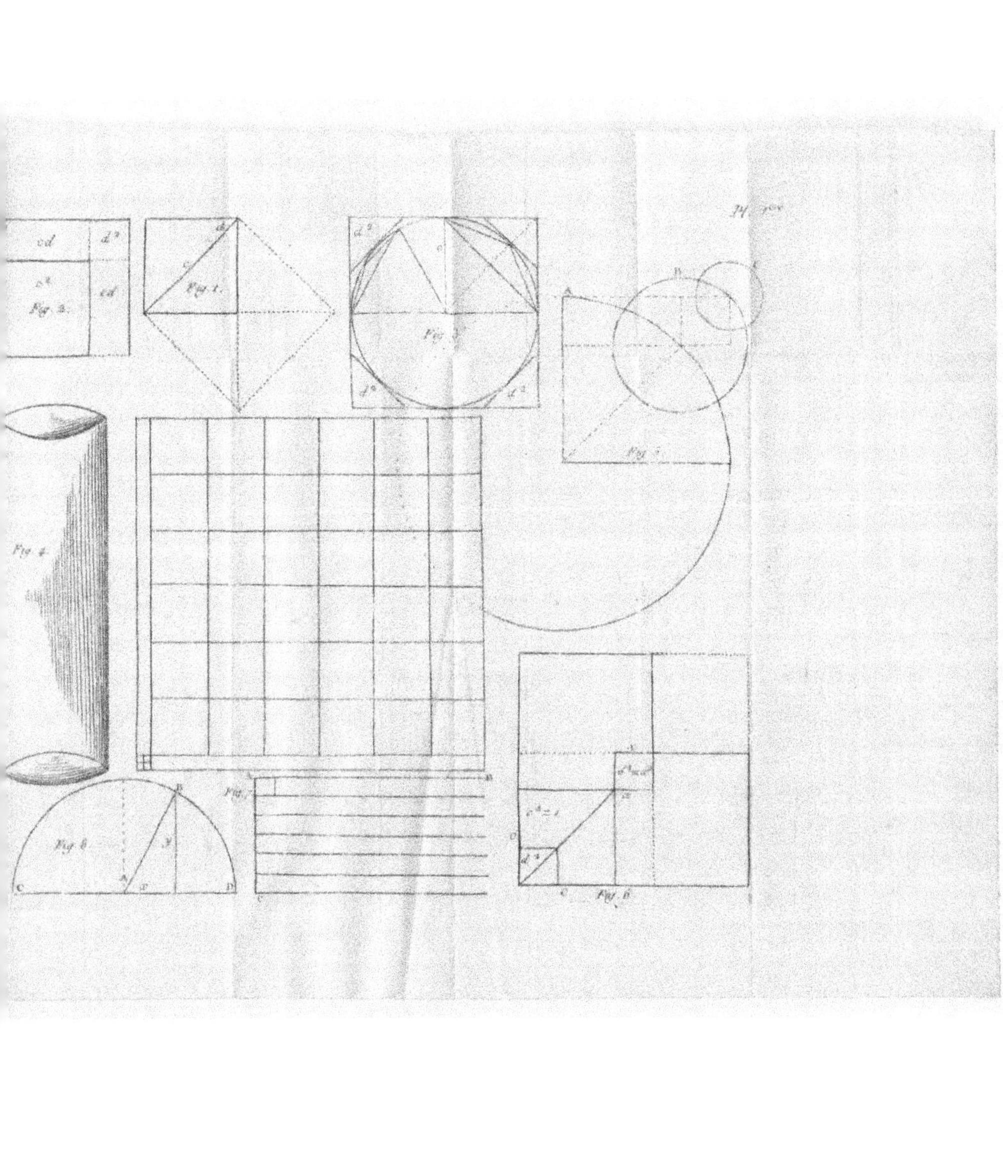

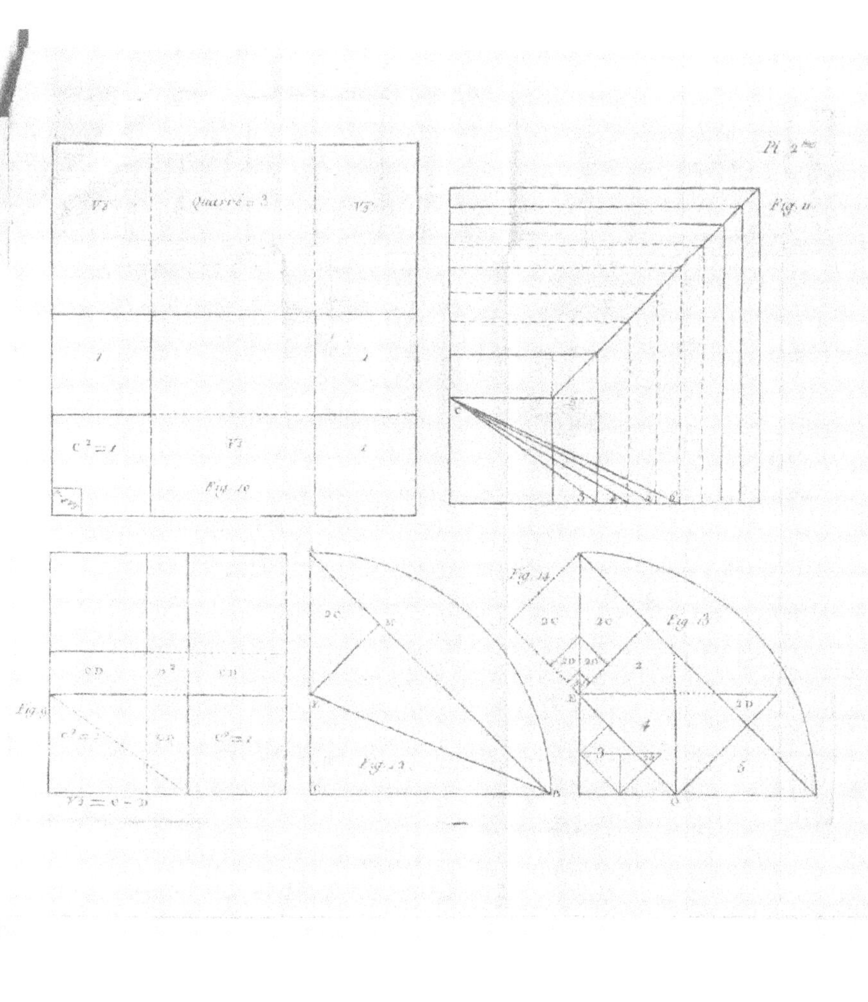

Pl. 2me
Quarré = 2
Fig. 10
Fig. 11
Fig. 14
Fig. 13
Fig. 12
Fig. 9
C² = 1
CD
D²
2C
2D

Pl. 3.

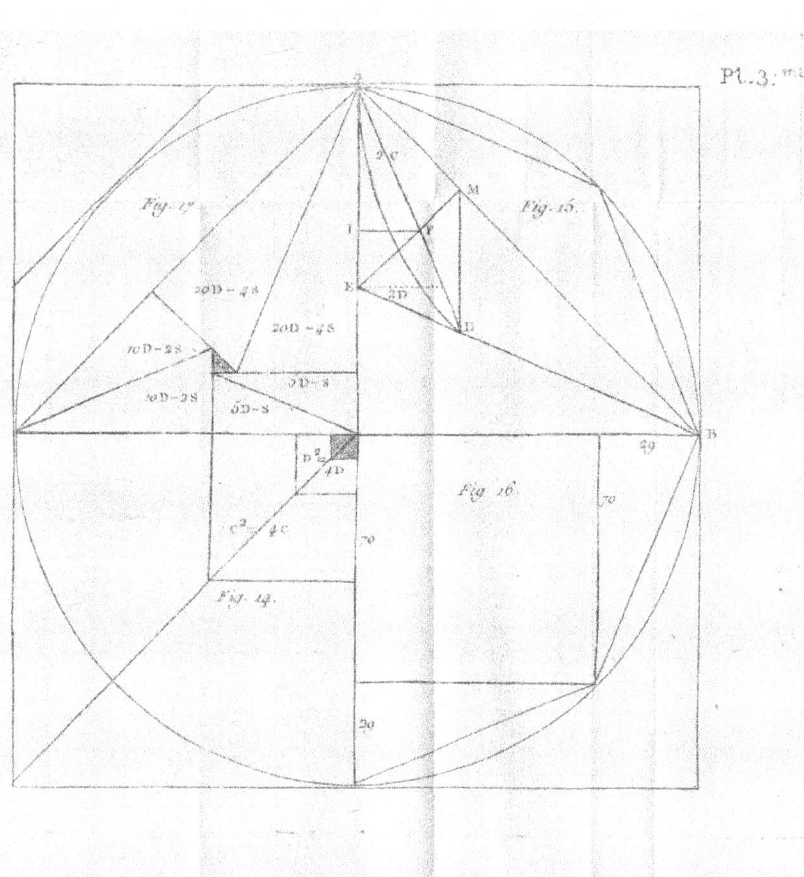

Fig. 17.
Fig. 15.
Fig. 16.
Fig. 14.
20D − 4S
20D − 4S
10D − 2S
10D − 2S
5D − S
6D − S
2D
2C
$D^2 = 4D$
$C^2 = 4C$
M
I
E
L
B
29
70
70
29

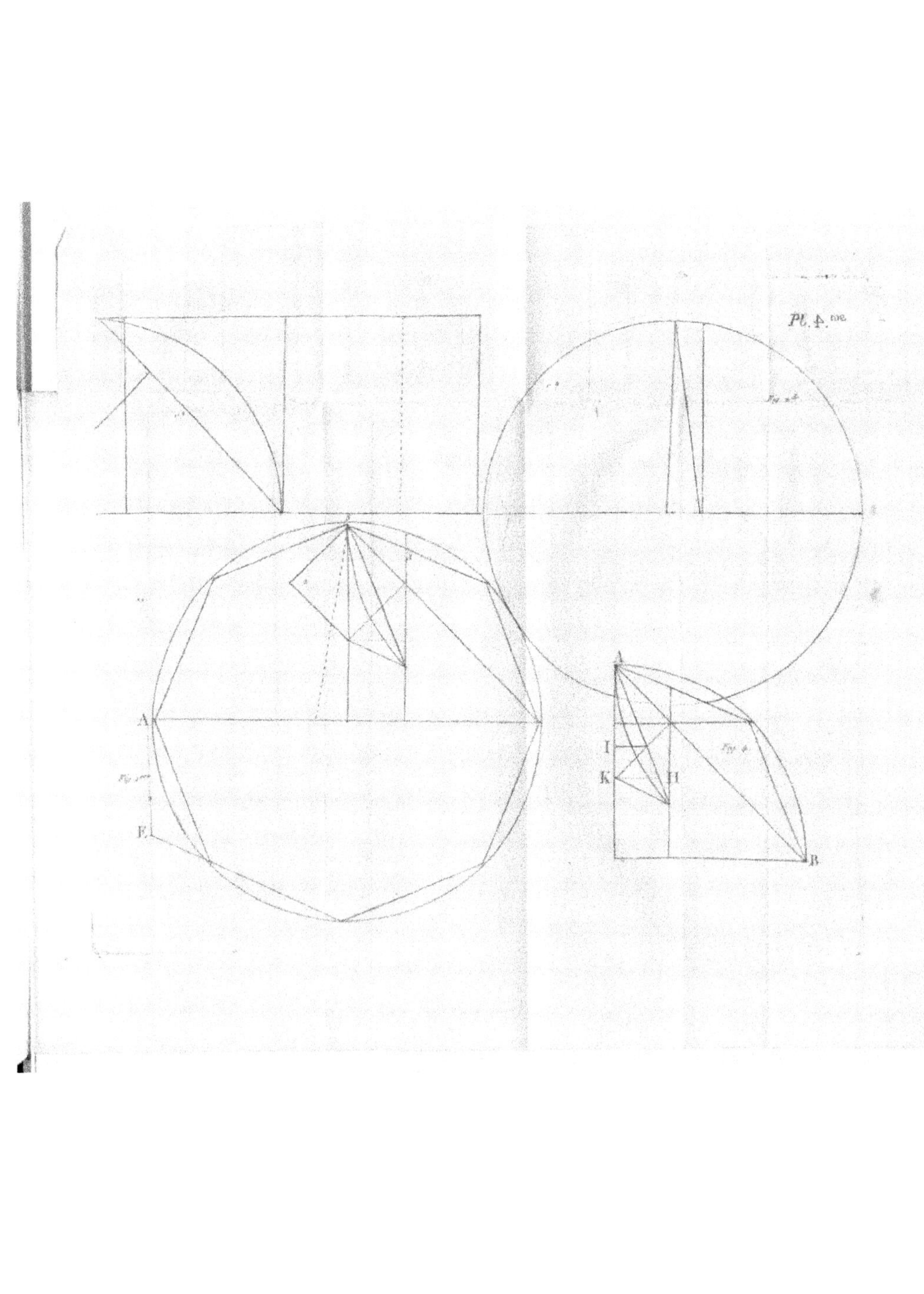
Pl. 4.me
A
E
I
K
H
B

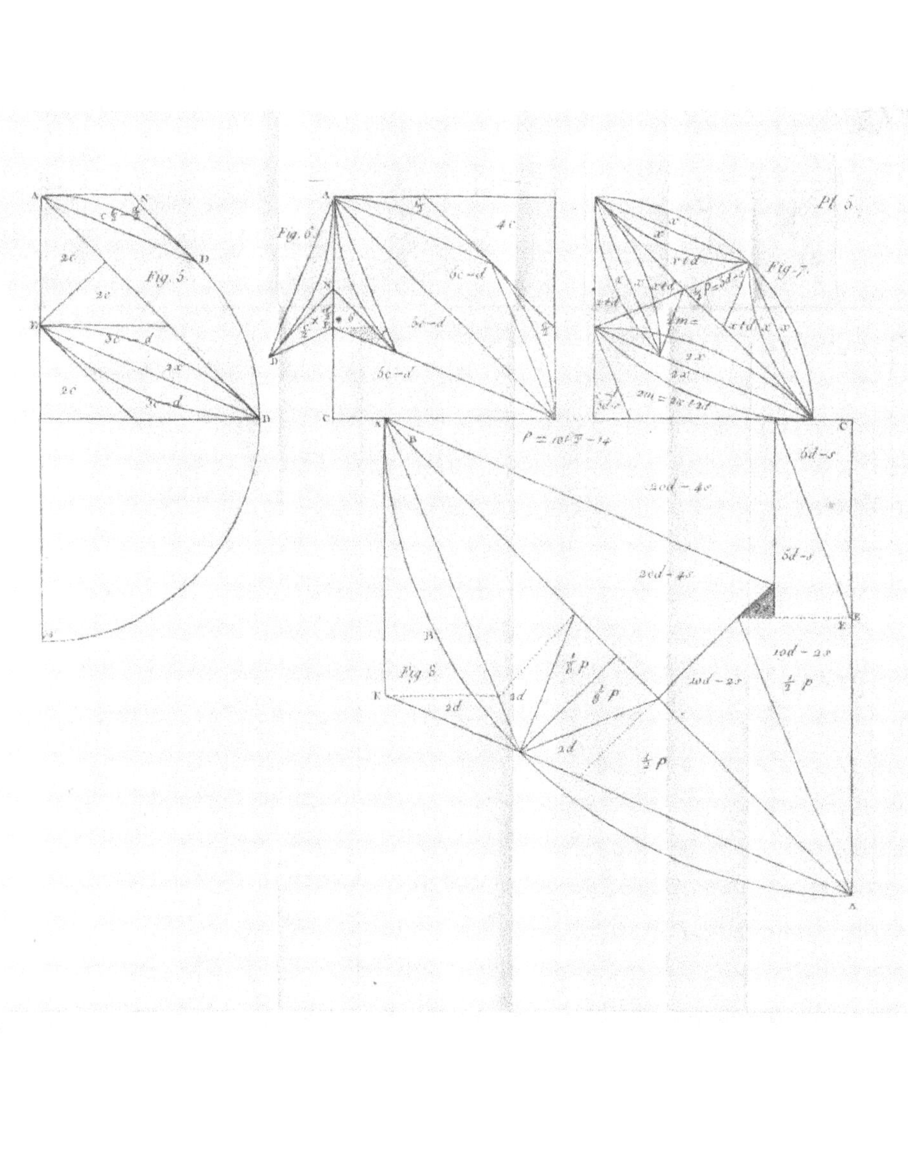

Pl. 5.
Fig. 5.
Fig. 6.
Fig. 7.
Fig. 8.

CHAPITRE IV,

Nouveau moyen de quarrer le Cercle, indépendant de tout ce qu'on a dit jusques-ici.

SOIT (*fig.* 1re, *pl. suiv. pag.* 117) un quart de cercle, dans lequel j'inscris le plus grand quarré possible, qui aura pour côté le sinus de 45°. J'appelle ce quarré a^2. Je tire les deux cordes de 45°, qui me donnent deux segmens, que je désigne chacun par x. Ces deux cordes sont encore hypothénuses de deux triangles rectangles, marqués B, dont le petit côté est égal à l'excès du rayon sur le sinus de 45°. J'appelle cet excès c, son quarré sera c^2. Si je multiplie c par a, j'aurai un produit $a\,c$ qui vaudra les deux triangles B. Joignant ce produit $a\,c$ au quarré a^2, j'aurai un rectangle $a^2 + a\,c$, que le quart de cercle surpassera de la quantité $2\,x$. Mais $2\,x$ sont deux segmens qui se construisent rigoureusement dans un des produits ou rectangles $a\,c$. Je joins donc au quarré a^2 deux fois $a\,c$; & j'ai un rectangle total $a^2 + 2\,a\,c$, qui surpasse maintenant le quart de cercle d'une quantité que je vais apprécier.

La ligne a est tangente à une des extrémités

de x; & par l'autre extrémité je mene une tangente semblable, qui devient l'hypothénuse d'un triangle rectangle isocele, qui est la moitié du quarré c^2. J'appellerai ce triangle c. Il est vrai que j'ai aussi désigné son côté par c; mais cela ne fera aucune difficulté : car quand je parlerai de la surface, je dirai le triangle c; autrement je dirai le côté c du triangle. Otant deux fois ce triangle du produit $a\,c$, il reste encore derriere chaque x un petit triangle mixte, que je dis $= \frac{1}{2} c$. Tellement qu'en ôtant une fois & demie c^2 du rectangle total $a^2 + 2\,a\,c$, le reste égale le quart du cercle, qu'on dira $= a^2 + 2\,a\,c - \frac{3\,c^2}{2}$.

Reste à prouver que le triangle mixte $= \frac{1}{2} c$. (*fig.* 2.) Je trace encore notre quart de cercle avec les rectangles $a\,c$, & je tire la corde de 90°. Je prends la moitié de cette corde pour en faire le rayon d'un cercle, dont les segmens de 90° feront égaux chacun à la moitié du segment de 90° du premier quart de cercle. Et comme la moitié de ce segment se construit dans le rectangle $a\,c$, nous avons une quantité E commune au petit segment, & à la moitié du grand. Or, si à E j'ajoute y, j'ai le petit segment : & si, au lieu d'y ajouter y, j'y ajoute z; j'ai la moitié du grand segment : donc $y = z$. Mais en prenant la surface $n + y$, j'ai le triangle c : donc aussi en ajoutant n à z, j'ai le même triangle c, réduit en espace curviligne, qui a pour ſa grande limite un arc de 90°, pour ſa moyenne un arc de 45°, appartenant à un cercle dont les dimenſions ſont doubles de celui qui fournit l'arc de 90°; & ces arcs ſont unis par une ligne qui feroit l'hypothénuſe d'un triangle rectangle iſocele qui auroit pour côté le ſinus verſe de l'arc de 45°. Comme cette ligne droite n'altere pas beaucoup la ſurface du triangle, je l'ai appellé curviligne, d'autant mieux qu'il faut le diſtingner du mixtiligne dont nous cherchons la valeur. On a ce triangle mixtiligne en menant des tangentes aux deux extrémités de l'arc de 45°. Ces tangentes, en ſe réuniſſant, forment l'angle obtus de ce mixtiligne, & tirant de ce point une perpendiculaire ſur l'arc qui lui ſert de baſe, on diviſe ce mixtiligne en deux parties égales. Or, je dis que ce mixtiligne $= \frac{1}{2} c$; parce que ſi je diviſe le curviligne en deux parties quelconques, toujours le mixtiligne ſera moyen proportionnel arithmétique entre ces deux parties. Pour conſtruire effectivement une proportion arithmétique, il ne s'agit que de diviſer une grandeur quelconque en deux parties inégales, qui feront les deux extrêmes de la proportion; & la moitié du tout ſera toujours le moyen terme. Comme il faut diviſer ces triangles en pluſieurs parties pour faire des proportions, je vais étendre la figure, pour qu'on voie plus ſenſiblement les parties. On aura, chemin faiſant, le moyen de donner une grandeur arbitraire à cette figure.

(*Fig.* 3.) Je décris avec un rayon quelconque un arc de 90°. Je mene deux tangentes aux deux extrémités de cet arc, dont je tire la corde. A la moitié de cette corde, j'éleve une perpendiculaire, qui se terminera au *maximum* de l'arc; & je fais chaque tangente égale à deux fois cette perpendiculaire. Pour unir les deux tangentes, je tire une parallele à la corde de l'arc; & du point où la parallele rencontre les tangentes, on peut tirer des perpendiculaires qui soient aussi longues que la corde. A leur extrémité on trouvera le point *c*, où, appuyant la pointe du compas, avec un rayon égal à la corde, on décrira les deux arcs de 45°, dont l'un acheve le curviligne, & l'autre le divise en parties inégales, & traversant aussi le mixtiligne, en sépare cette petite quantité que j'ai pointillée, qui sera désignée par *r*: & je dis que la plus petite partie du curviligne est $\frac{1}{2}c - r$, & la plus grande $\frac{1}{2}c + r$ On voit, comme en ajoutant *r* à $\frac{1}{2}c - r$, il devient égal au mixtiligne, qui conséquemment sera $= \frac{1}{2}c$; & on aura $\div \frac{1}{2}c - r . \frac{c}{2} . \frac{1}{2}c + r$. La preuve de cette vérité exige que nous fassions encore quelques subdivisions dans nos triangles.

Il est clair que notre triangle mixtiligne est formé par deux tangentes menées à chaque extrémité d'un arc de 45°. Menons de même deux tangentes à l'arc de 45° d'un cercle dont les dimensions ſoient de moitié plus petites, nous aurons un mixtiligne qui ne ſera que la moitié du premier.

(*Fig.* 4.) Je fais donc paſſer une tangente par le *maximum* de l'arc de 90°, je la prolonge des deux côtés; & l'on voit deux petits mixtilignes, chacun égal à la moitié de celui que je dis être $\frac{1}{2}c$, & que je nommerai le grand mixtiligne. Comme g eſt commun au petit mixtiligne, & à la moitié du grand, donc reſte dans chaque partie une quantité égale, que j'ai marqué i; l'autre moitié du grand mixtiligne contient cette petite quantité r que j'ai pointillée; & le reſte ſera déſigné par m: tellement que $m + r = g + i$; & tranſpoſant r, on a la valeur $m = g + i - r$, comme je l'ai marqué à la figure, qui, étant ſymmétrique, donne de chaque côté la même conſtruction. Il eſt certain que toute cette figure eſt formée du curviligne c, & du mixtiligne, qui $= 2g + 2i$, puiſque $m + r = g + i$. En menant ma double tangente, j'ai ſéparé du tout $2g + 2i$: donc il me reſte un eſpace rectiligne encore $= c$, & qui, diviſé en deux également, me donne deux trapezes, chacun $= \frac{1}{2}c$; on y voit un triangle dont je n'ai point encore fait mention, & qui eſt marqué $\frac{1}{2}o$, & le trapeze $\frac{1}{2}c$

$= \frac{1}{2} o + m + i + \frac{r}{2}$. C'eſt lui qui nous conduira à la derniere ſolution.

Nous ſommes en état maintenant de donner des valeurs partielles à $\frac{1}{2} c - r$, qui égale $g + i + m$. Et prenant $m = g + i - r$, nous dirons arithmétiquement $\div 2 g + 2 i - r . \frac{c}{2} . o + 2 i$. Si r eſt la différence des termes de cette proportion, $\frac{1}{2} c = 2 g + 2 i$, & $o = 2 g + r$; choſe qui ne ſe voit point encore. Quant à la proportion, elle eſt bien ſûre; parce que les deux extrêmes égalent le curviligne c; les yeux le voient, & le raiſonnement nous apprend que le moyen terme eſt certainement $\frac{1}{2} c$. J'obſerve que dans les deux extrêmes il y a une quantité commune $2 i$; la différence eſt donc toute entiere entre $2 g - r$ & o. Si r eſt cette différence; o, comme je viens de le dire, $= 2 g + r$: & en permutant $\frac{1}{2} o$ avec g, la différence diminuera de moitié, & la proportion ſera $\div \frac{1}{2} o + g + 2 i - r . \frac{c}{2} . \frac{1}{2} o + g + 2 i$. Bien certainement les deux extrêmes different de toute la quantité r, donc la moitié de r pour la différence des termes. Otons du trapeze $\frac{1}{2} c$ la quantité $\frac{1}{2} r$, nous trouvons $\frac{1}{2} c - \frac{r}{2} = \frac{1}{2} o + g + 2 i - r$, car $m = g + i - r$. Mais c'eſt le petit extrême de notre derniere proportion, le grand extrême eſt donc bien certainement $\frac{1}{2} c + \frac{1}{2} r = \frac{1}{2} o + g + 2 i$. Cette proportion nous eſt venue en permutant $\frac{1}{2} o$ avec g; ce qui diminue de moitié la différence, d'abord incertaine, parce qu'on ne pouvoit ſavoir comment le curviligne étoit diviſé. Mais elle eſt devenue certaine en trouvant dans le curviligne la quantité connue $\frac{1}{2} c - \frac{1}{2} r$. Or $\frac{1}{2} r$ ne peut être la différence d'une des proportions, que r ne ſoit la différence de l'autre. Et dès-là que r eſt la différence dans $\div 2 g + 2 i - r . \frac{c}{2} . o + 2 i$; donc $o = 2 g + r$, & on a $\div 2 g + 2 i - r . 2 g + 2 i . 2 g + 2 i + r$. Ou bien certainement les deux extrêmes égalent c, & le moyen terme $2 g + 2 i = \frac{1}{2} c$. *C. Q. F. D.*

Nous calculerons encore toutes ces quantités, pour en épargner la peine au Lecteur.

Lorſque le rayon du cercle $= 1$, la corde de $90° = \sqrt{2}$; & le ſinus $45°$, moitié de cette corde $= \frac{\sqrt{2}}{2} = a$. Donc $a^2 = \frac{1}{2}$; c, excès de l'unité ſur $\frac{\sqrt{2}}{2}, = 1 - \frac{\sqrt{2}}{2}$; $c^2 = 2 \frac{1}{2} - \sqrt{2}$; le rectangle $a c = \frac{1}{2} \sqrt{2} - \frac{1}{2}$. Nous diſons que le quart de cercle $= a^2 + 2 a c - \frac{3 c^2}{2}$. Or $a^2 + 2 a c = \frac{1}{2} + \sqrt{2} - 1$. Otez $\frac{3 c^2}{2}$, ou $2 \frac{1}{2} - \sqrt{2} \frac{1}{2}$;

vous aurez $\frac{1}{2} + \sqrt{2} - 1 - 2\frac{1}{4} + \sqrt{2\frac{1}{2}} = 2\sqrt{2\frac{1}{2}} - 2\frac{3}{4}$.

Maintenant faites le rayon du cercle $= c$. Appellez d l'excès de la diagonale ou corde de 90°. Cette corde sera $c + d$, & son quarré $c^2 + 2cd + d^2 = 2c^2$. Effacez dans chaque membre c^2, & transposez d^2 : vous aurez $2cd = c^2 - d^2$. Multipliez par 4 : vient $8cd = 4c^2 - 4d^2$. Prenez la valeur de $-d^2 = 2cd - c^2$; ajoutez cette valeur au premier membre, & $-d^2$ au second : vous aurez (1) $10cd - c^2 = 4c^2 - 5d^2$

---

(1) Ces trois valeurs présentent les trois aspects sous lesquels on a coutume d'envisager la surface du cercle, d'abord comme égale au produit du rayon c par la demi-circonférence $10d - c$; ensuite comme polygone circonscrit $4c^2$, dont on a ôté l'excès $5d^2$; & enfin comme polygone inscrit $3c^2$, auquel on a ajouté la différence avec le cercle égale $2cd - 4d^2$. Mais en ajoutant au cercle le quarré d^2, on a l'octogone circonscrit ; & en ôtant le même quarré d^2 du dodécagone $3c^2$, on a l'octogone inscrit ; donc on peut dire octogone inscrit est au dodécagone ce que le cercle est à l'octogone circonscrit, ou $2\sqrt{2} . 3 : 10\sqrt{2} - 11 . 8\sqrt{2} - 8$.

De-là naissent des moyens de toute espece pour quarrer le cercle ; par exemple, fig. 5, après avoir tracé le quarré du rayon, on formera celui de la diagonale, en ajoutant deux rectangles & un petit quarré ; or que d'un des rectangles on ôte deux fois le petit quarré, & il restera un autre petit rectangle dont la moitié sera égale aux trois segmens de 30° que j'ai tracés dans le quart de cercle.

En nombres, si on éleve à son quarré la ligne appellée sinus verse de 45°, dix fois ce quarré donnera exactement la quantité dont le quarré du diametre surpasse le cercle.

$= 3c^2 + 2cd - 4d^2$, équation qui représente la vraie quadrature du cercle ; & en donnant des valeurs aux quantités, on trouvera quatre fois celle que nous avons eue pour le quart de cercle. Car le rayon du cercle $c = 1$; son quarré $c^2 = 1$; $c + d$, corde de 90°, ou diagonale du quarré, $= \sqrt{2}$; & $d = \sqrt{2} - 1$; $10\,cd = 10\sqrt{2} - 10$, ôtez c^2 ou $1 = 10\sqrt{2} - 11$: ainsi le quarré du rayon étant $= 1$, la surface du cercle $= 10\sqrt{2} - 11$; & le rayon étant $= 1$, la demi-circonférence égale aussi $10\sqrt{2} - 11$. Nous avons vu ci-dessus que le quart de cercle étoit $= 2\sqrt{2\frac{1}{2}} - 2\frac{3}{4}$. Prenez quatre fois, vous aurez $10\sqrt{2} - 11$. Et si on l'aime mieux, on prendra le quarré $d^2 = 3 - 2\sqrt{2}$; l'ôtant cinq fois du quarré du diametre $4c^2 = 4$, on aura $4 - 15 + 10\sqrt{2} = 10\sqrt{2} - 11$. Veut-on des nombres ? on fera le rayon égal 169 ; la corde de 90° sera $239\frac{1}{478}$, & la demi-circonférence $531\frac{1}{17}$. Ou bien du quarré du rayon $= 28561$, on ôtera la cent quatre-vingt-dix-huitieme partie ; & on ajoutera à trois fois le quarré le septieme de ce qui restera.

Je m'étois persuadé que cette démonstration, simple & facile à concevoir, emporteroit tous les suffrages ; & que si on avoit quelque incertitude, le calcul, qui suivoit, leveroit toutes sortes de difficultés. Mais il s'est présenté nombre de contradicteurs, qui, sans s'embarrasser du calcul, se ſont tous réunis pour m'objecter que la certitude de ma ſeconde proportion, ne prouvoit point la ſuppoſition que j'avois faite à la premiere; & tous ſeront contens, ſi je viens à bout de détruire cette objection. Je commence par faire obſerver qu'il faut diſtinguer deux ſortes de ſuppoſitions; les unes, qu'il eſt libre de recevoir ou de rejetter; & d'autres, qu'on eſt néceſſité d'admettre; ces dernieres portent toujours avec elles un caractere de vérité; car il n'y a que la vérité qui puiſſe forcer notre raiſon à la recevoir.

La démonſtration ſuſdite nous préſente ces deux ſortes de ſuppoſitions; à la troiſieme figure, quand j'ai diviſé le curviligne en deux parties inégales, j'appelle la plus petite $\frac{1}{2}c - r$; ſuppoſition qu'on peut rejetter, parce que cette partie du curviligne nous préſente le mixtiligne lui-même dont j'ai ôté la quantité r; & ce qui eſt en queſtion, eſt de ſavoir ſi ce mixtiligne $= \frac{1}{2}c$; on peut donc m'empêcher de l'appeller $\frac{1}{2}c$; & ſi on me l'accorde, c'eſt pour me faciliter de démontrer que la grande partie de $c = \frac{1}{2}c + r$; & dans cette démonſtration, il ne feroit plus permis de faire uſage de la ſuppoſition qui doit être prouvée par un moyen entierement étranger à elle. Que fais-je donc pour avoir une dénomination exacte? A la fig. 4, je diviſe autrement la même quantité que je puis alors appeller $2g + 2i - r$; ajoutant r, j'ai le mixtiligne lui-même dont je fais le ſecond terme de la proportion. Le troisieme se forme de l'excès du curviligne $= o + 2i$, & j'ai $\div 2g + 2i - r. 2g + 2i. o + 2i$.

Il est bien clair que les deux extrêmes de cette proportion égalent c, & que la différence du premier au second terme $= r$; mais on ne voit plus que r soit la différence du second au troisieme terme; or, on ne peut m'empêcher, & même je suis obligé de dire si r est la différence des termes, ce troisieme terme sera $\frac{1}{2}c + r$; & comme la différence des deux extrêmes est toute entiere dans o, o sera $= 2g + r$; en permutant donc $\frac{1}{2}o$ avec g, la différence diminuera de moitié, & le troisieme terme ne sera plus que $\frac{1}{2}c + \frac{r}{2}$, ce qui se trouve exactement vrai. Ce travail se simplifiera en faisant disparoître la quantité $2i$. Il a fallu d'abord faire voir que i du rectiligne étoit égal à celui du petit mixtiligne, & comme cela est bien sûr & bien démontré, on peut maintenant se passer de i, & faire $o + 2i$ simplement égal o, & $2g + 2i$ simplement $= 2g$; alors la proportion devient $\div 2g - r. 2g. o$, où l'on voit bien plus aisément que si r est la différence des termes, $o = 2g + r = \frac{1}{2}c + r$; & permutant $\frac{1}{2}o$ avec g, ce troisieme terme ne sera plus que $\frac{1}{2}c + \frac{r}{2}$; mais il ne peut devenir $\frac{1}{2}c + \frac{r}{2}$ que dans le cas qu'il étoit avant la permutation $\frac{1}{2}c + r$; & comme c'eſt même choſe d'être $\frac{1}{2}c + r$, ou $2g + r$, donc $2g = \frac{1}{2}c$. *c. q. f. d.*

Il y a bien des manieres d'envisager cette difficulté. On peut dire, par exemple, ſi dans cette proportion $\div 2g + 2i - r. \frac{c}{2}. o + 2i$; r eſt la différence des termes; on trouvera que o pourra avoir deux valeurs, l'une ſuppoſée, & l'autre réelle; ſa valeur ſuppoſée ſera $2g + r$, & ſa valeur réelle ſera $2g - r +$ deux fois la différence des termes; car c'eſt lui qui contient certainement l'excès du troiſieme terme ſur le premier, lequel excès on appellera $2d$; il ſera donc réellement $= 2g - r + 2d$, où on voit que ſi $d = r$, la valeur réelle égale à la ſuppoſée, ou $2g + r = 2g + d$; faiſons uſage de ces deux valeurs. Si r eſt la différence permutant $\frac{1}{2}o$ avec g, cette différence diminuera de moitié, & nous aurons $\div \frac{1}{2}o + g + 2i - r. \frac{c}{2}. \frac{o}{2} + g + 2i$, où certainement $\frac{1}{2}r$ eſt la différence, & tellement la différence, qu'on peut dire $\div \frac{c}{2} - \frac{r}{2}. \frac{c}{2}. \frac{r}{2} + \frac{c}{2}$, parce que le premier terme $\frac{1}{2}o + g + 2i - r$ eſt tout entier dans le rectiligne où l'on connoît ſa valeur $\frac{1}{2}c - \frac{r}{2}$, & il eſt auſſi dans le curviligne où s'établit le premier terme de la proportion; donc l'excès du curviligne $\frac{o}{2} + g + 2i$ égale certainement $\frac{1}{2}c + \frac{r}{2}$. La moitié du rectiligne c nous donne le trapeze $\frac{1}{2}c = \frac{o}{2} + g + 2i - \frac{r}{2}$, je l'écris à la proportion en prenant encore la valeur réelle de $\frac{1}{2}o$, & j'ai $\div \frac{1}{2}o + g + 2i - r$ $2g + 2i - r + d. \frac{o}{2} + g + 2i$, rien n'est altéré dans cette proportion, & nous sommes sûrs que $\frac{1}{2}r$ est la différence des termes; mais pour faire du premier terme le second, il faut lui ajouter $g - \frac{1}{2}o + d$, qui est donc égal $\frac{1}{2}r$; ce qui ne peut être qu'en faisant usage de la supposition $d = r$, & alors $g + \frac{d}{2}$ ou $+ \frac{r}{2} = \frac{1}{2}o$ qui se détruisent, & reste $\frac{1}{2}d$ ou $\frac{1}{2}r$.

Enfin, en deux mots, nous avons cette proportion $\div 2g + 2i - r. \frac{c}{2}. o + 2i$; si r est la différence des termes, la valeur supposée de o sera $2g + r$, & sa valeur réelle $2g - r +$ deux fois la différence qu'on appellera $2d$; en permutant $\frac{o}{2}$ avec g, & prenant la valeur de $\frac{1}{2}c$, on a $\div$ $\frac{o}{2} + g + 2i - r. \frac{o}{2} + g + 2i - \frac{r}{2}. \frac{o}{2} + g + 2i$, où certainement $\frac{1}{2}r$ est la différence. Je substitue dans le moyen terme la valeur réelle de $\frac{1}{2}o = g - \frac{r}{2} + d$, & j'ai cette proportion $\div \frac{o}{2} + g + 2i - r . 2g + 2i - r + d . \frac{o}{2} + g + 2i$, où toujours $\frac{1}{2}r$ est la différence des termes; pour faire le second terme du premier, il faut lui ajouter $g - \frac{1}{2}o + d$, qui est donc certainement $= \frac{1}{2}r$; ce qui ne peut être qu'en faisant $d = r$; alors $g + \frac{1}{2}r = \frac{o}{2}$, reste $\frac{1}{2}r$. Ajoutez au second terme $2g + 2i - r + d$, la différence $g - \frac{1}{2}o + d$, vous aurez le troisieme terme $= 3g + 2i - \frac{o}{2} - r + 2d = \frac{o}{2} + g + 2i$, & cette égalité est bien certaine; ce qui ne peut être qu'en faisant usage de la supposition $d = r$; alors transposant $\frac{1}{2}o$, vous avez $3g + 2i + r = o + g + 2i$; effaçant ce qui est inutile, $2g + r = o$. De même au moyen terme de la proportion $-r$ & $+d$ se détruisent, reste $2g + 2i = \frac{c}{2}$, ce qu'il falloit démontrer.

Veut-on que r soit la différence des termes, on ajoutera $-\frac{1}{2}r$ au premier terme, & $+\frac{1}{2}r$ au troisieme, & on aura $\div \frac{o}{2} + g + 2i - r\frac{1}{2} . 2g + 2i - r + d . \frac{o}{2} + g + 2i + \frac{r}{2}$. Qu'on

prenne

prenne la valeur réelle de $\frac{1}{2} o = g - \frac{r}{2} + d$, la proportion sera $\div 2g + 2i - 2r + d . 2g + 2i - r + d . 2g + 2i + d$, & toujours r est la différence des termes : si on prend la valeur supposée de $o = 2g + d = 2g + r$, on trouvera la premiere proportion $\div 2g + 2i - r . \frac{c}{2} . o + 2i$; mais nous avons vu que la valeur supposée de o, & sa valeur réelle, donnoient les mêmes résultats; donc r est aussi la différence des termes de cette proportion.

On ne peut faire une proportion directement avec r, parce que r ne peut à la figure s'ôter de g; au lieu que $\frac{1}{2} r$ s'en retranche aisément : aussi est-il facile de construire une proportion avec $\frac{1}{2} r$ pour différence, r ne peut s'ôter que de $g + i$, & on auroit quelque chose en le faisant premier terme d'une proportion, & disant $\div g + i - r . \frac{c}{2} . o + g + 3i$; prenant la valeur entiere de $\frac{1}{2} c$, on a $\div g + i - r . 2g + 2i - r + d . o + g + 3i$, & les deux extrêmes $o + 2g + 4i - r = 4g + 4i - 2r + 2d$, double du moyen terme; effacez ce qui se détruit, reste $o - r = 2g - 2r + 2d$; & $2d$ étant $= 2r$, $o = 2g + r$. Cette valeur démontrée vraie, faites des proportions comme vous voudrez, & toujours $2g + 2i$ sera moyen terme. Voulez-vous g pour 1er terme, $g + 2i$ sera la différence, & vous aurez $\div g$.

$2g + 2i . o + 4i + g - r$; & mettant pour o $2g + r$, vous avez $3g + 4i$, ce qui arrive lorſqu'au ſecond terme vous ajoutez la différence $g + 2i$, ainſi des autres.

Si on veut donner des valeurs numériques à ces quantités, on fera attention que c'eſt une abſurdité inſoutenable de vouloir faire $2g + 2i$ plus petit que $\frac{1}{2}c$; car $\frac{1}{2}c$ eſt la quantité qu'il faut ôter huit fois de l'octogone circonſcrit pour avoir le cercle. Le côté de ce polygone $=$ deux fois l'excès de la corde de 90° ſur le rayon, qui, étant $= 1$, la corde 90° $= \sqrt{2}$, ſon excès $= \sqrt{2} - 1$; prenez huit fois, & multipliez par le rayon $1 = 8\sqrt{2} - 8$ pour la ſurface du polygone ; huit fois $\frac{1}{2}c = 4c = 3 - 2\sqrt{2}$; ôtez du polygone, reſte pour le cercle $10\sqrt{2} - 11$. $\sqrt{2} = 1 \frac{4142}{10000}$, multipliez par 10, $= 10 \frac{41420}{10000}$; ôtez-en 11, reſte pour le cercle $\frac{31420}{10000} = 3,1420$: expreſſion qui ſurpaſſe celle que les Géometres ont adoptée ; ſavoir, 3, 1415 : or, ſi en ôtant huit fois $\frac{1}{2}c$ il reſte plus que ne le prétendent les Géometres, donc la quantité à retrancher ne peut pas être plus petite que huit fois $\frac{1}{2}c$, & $2g + 2i$ étant une de ces huit quantités qui ſont égales, il eſt abſurde de le faire plus petit que $\frac{1}{2}c$; cette abſurdité étant bien démontrée, il en réſulte une autre, ſi on veut le faire plus grand ; car alors o ſera plus petit que $2g + r$, ce qui eſt auſſi abſurde que de faire $2g + 2i$ plus petit que $\frac{1}{2}$ c, avec cela seul on peut résoudre toutes les difficultés qu'on suppose à cet égard. Faites effectivement, comme ci-dessus, disparoître la quantité $2i$, & dites $\div 2g - r. \frac{1}{2} c. o.$ N'est-il pas clair que si $2g$ est plus grand que $\frac{1}{2} c$, il en faudra retrancher une quantité z pour pouvoir en faire le moyen terme, & dire $\div 2g - r. 2g - z. o$; mais o contient le premier terme & deux fois la différence $2d$, ou $o = 2g - r + 2d$; ainsi, à la proportion, on a $\div 2g - r. 2g - z. 2g - r + 2d$, les deux extrêmes $4g - 2r + 2d = 4g - 2z$, double du moyen terme. Effacez dans chaque membre $4g$, & vous trouvez $2r = 2d + 2z$, & $r = d + z$. On voit que r est augmentée de la quantité z, que j'ai ajoutée gratuitement à la différence des termes de la proportion ; donc, avant cette addition, r étoit $= d$, qui est l'instant que nous cherchons.

Ceux qui seroient fatigués des réflexions précédentes, pourront se contenter du peu que je vais ajouter, & qui doit suffire à tout esprit qui sait penser. Etant bien assurés que $2g + 2i$ est un des huit triangles mixtes qu'il faut ôter de l'octogone circonscrit pour avoir le cercle, on verra qu'en faisant ce triangle plus petit que $\frac{c}{2}$, il reste un cercle, dont le rapport, avec le rayon, seroit plus grand que celui d'Archimede de 7 à 22;

ma découverte le fait $= \frac{c}{2}$, & il faut le faire plus grand d'une quantité inconnue z, pour s'approcher du travail des Géometres, qui disent que certainement $2g + 2i = \frac{c}{2} + z$, ou $\frac{c}{2} = 2g + 2i - z$; mais nous avons une valeur tout autrement certaine dans le trapeze $\frac{1}{2}c$, moitié du rectiligne c, & qui $= \frac{o}{2} + g + 2i - r + \frac{r}{2}$; or, pour que cette valeur puisse coincider avec celle des Géometres, il faut faire $\frac{o}{2} = g + \frac{r}{2} - z$, & le curviligne c sera $4g + 4i - 2z$; ajoutant le mixtiligne $2g + 2i$, nous avons tout l'espace $= 6g + 6i - 2z$; mais ma découverte fait tout cet espace $= 6g + 6i$, il faudroit donc, pour l'augmenter de z, en retrancher $2z$. Une absurdité aussi palpable doit suffire pour faire sentir la futilité de toutes les objections qu'on peut faire contre la démonstration; & l'on doit appercevoir que si on ôte une quantité z du mixtiligne $2g + 2i$, qui est réellement égal $\frac{1}{2}c$; il faut aussi ôter $2z$ du curviligne c pour que l'analogie ne soit point détruite.

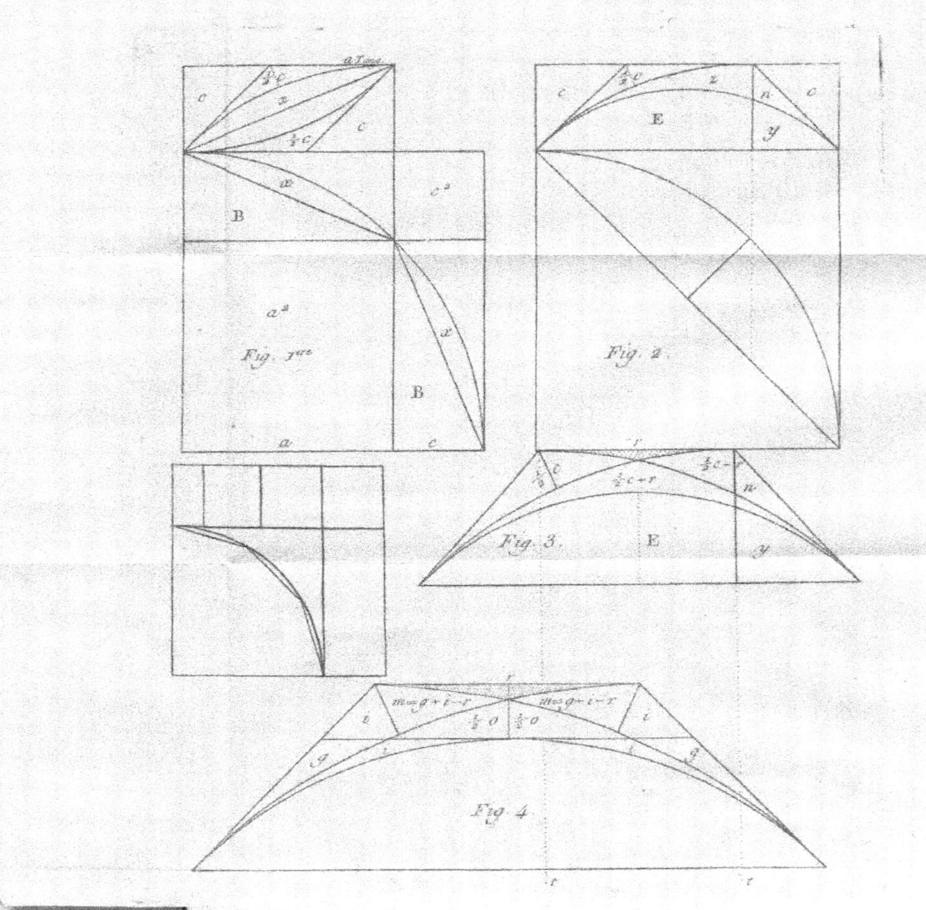
Fig. 1re
Fig. 2.
Fig. 3.
Fig. 4

CHAPITRE V,

Où l'on présente une quadrature approchée, qui donnera lieu de refléchir sur la nature de l'espace parabolique, & sur la nature des quantités évanouissantes.

JE commencerai ce chapitre par examiner l'objection qu'on me fait, que mes démonstrations supposent un rectangle égal à la surface, & que c'est supposer ce qui est en question; savoir, s'il peut y avoir un rectangle égal à un cercle; peut-on douter qu'il n'y ait un rectangle de soi égal à un cercle, & le triangle rectangle égal à la lunule d'Hypocrate; Ne suffit-il pas, pour lever toute difficulté à cet égard, que les dimensions de ce rectangle soient des lignes incommensurables entr'elles? C'est ce dont on ne sauroit plus douter; mais toujours on aura graphiquement ce rectangle, & une de ses dimensions sera exprimée avec nos nombres sourds, qui maintenant ne laisseront aucune erreur sensible dans le calcul; toujours toutes les parties de ce rectangle seront analogues à toutes les parties du cercle; toujours ce rectangle contiendra trois fois le quarré du rayon,

& un petit parallélogramme où se retirera l'irrationalité ; & toutes les fois que je trouverai dans le cercle une figure égale à $3\,r^2$, comme le polygone inscrit de douze côtés, l'excès du cercle sur ce polygone, ou les douze segmens qui restent seront égaux au parallélogramme, & même c'est-là ce qui m'a fait conclure la quadrature ; car voyant que le dodécagone égaloit trois fois le quarré du rayon, j'ai pressenti que dans quelques-uns des polygones moins nombrés, je pourrois trouver une différence appréciable.

Un de nos Infinitaires, le premier à qui je fis part de ma découverte, crut bonnement que le hasard m'avoit conduit dans ma marche ; je serois bien curieux, disoit-il, de voir comment il démontreroit que $3\,r^2$ surpasse octogone $+ 4\,x$. Avec sa fameuse perpendiculaire, ajoutoit-il, il ignore donc qu'un triangle peut être partagé en deux autres d'une infinité de manieres différentes : si ce ne sont que des esprits de cette trempe qui voient mon ouvrage, j'espere bien peu du succès ; ces Géometres, infatués qu'ils sont de leur calcul infinitésimal, ils dédaignent tout ce qui n'est pas manié avec ce calcul ; c'est un élémentaire, disent-ils, eh bien ! oui, c'est un élémentaire qui va entreprendre de le faire évanouir, ce fantôme infinitésimal.

Telle est la premiere pierre qui soutient ce superbe colosse. Nos infinitaires, après avoir tracé une courbe, (*fig.* 16, *pl.* 6.) ils menent une tangente à cette courbe ; & du point où la tangente se confond avec la courbe, ils abaissent une ligne perpendiculaire au diametre de la courbe ; ils appellent cette perpendiculaire une ordonnée ; ils prolongent le diametre jusqu'à la rencontre de la tangente ; & ils appellent soustangente le diametre prolongé d'un côté jusqu'à la tangente ; & terminé de l'autre à l'ordonnée : pour avoir l'expression de cette sous-tangente, ils imaginent une ordonnée infiniment proche de la premiere ; du point où cette seconde ordonnée touche la courbe, ils abaissent une perpendiculaire sur la premiere ordonnée, & ils ont un petit triangle infinitésimal qui a, disent-ils, pour hypothénuse la partie infiniment petite de la courbe ; comme ils appellent abscisse la partie du diametre qui est entre le sommet de la courbe & l'ordonnée, qu'ils nomment cette abscisse x, & l'ordonnée y ; ils appellent aussi dx le côté du triangle infinitésimal qui répond à l'abscisse, & dy, l'autre côté pris sur l'ordonnée ; le point de la courbe, selon eux, hypothénuse du triangle infinitésimal, se confond avec la tangente ; & cette tangente est hypothénuse d'un triangle rectangle, qui a pour côtés la sous-tangente & la premiere ordonnée y ; donc aussi on a cette analogie, le côté dy du triangle infinitésimal est à son autre côté dx, comme l'ordonnée y est à la sous-tangente, c'est-à-dire,

$dy ; dx :: y : \frac{dxy}{dy}$, expreffion de la fous-tangente ; mais comment fait-on que dy differe avec dx ? C'eft que l'accroiffement progreffif de l'ordonnée n'eft pas égal à l'accroiffement progreffif de l'abfciffe ; or, en tirant du fommet de la courbe une ligne jufqu'à l'ordonnée, j'aurai un triangle rectangle qui me donnera bien plus certainement l'analogie qu'on cherche ; favoir, que l'accroiffement dy eft à l'accroiffement dx ce que l'ordonnée y eft à fon abfciffe x (1). Les infinitaires, comme je leur ai déja reproché, confondent encore ici la corde d'un fegment avec fon arc ; le triangle infinitéfimal n'a pas même pour hypothénufe la corde du fegment infiniment petit ; & quand l'arc du fegment eft déja confondu avec la tangente, il differe encore bien fenfiblement avec fa corde ; & comme cette corde ne peut pas même repréfenter l'hypothénufe du triangle infinitéfimal, on ne peut non plus avoir d'autre analogie que celle que j'ai donnée ; la différence dy eft à la différence dx ce que l'ordonnée y eft à l'abfciffe x, ou $dy : dx :: y : x$; & fi cela eft

(1) Si l'on fait attention que, dans la réduction algébrique, on efface dans le numérateur & le dénominateur les quantités femblables, on verra que l'expreffion prétendue de la fous-tangente nous ramene malgré nous à la vérité, puifque dy fe trouve dans le numérateur & le dénominateur.

vrai, comme on n'en sauroit douter, l'expression de la sous-tangente est illusoire, & cette base, en s'écroulant, entraîne avec elle l'édifice qu'elle soutient.

Autre chose. (*fig.* 17.) Après avoir établi deux lignes égales *A B*, *B C*, perpendiculaires l'une à l'autre; je divise *A B* en quatre parties égales; & à la premiere division, j'éleve une perpendiculaire *C D* parallele à *B C*, & qui ne soit que la moitié de *B C*; si, par les extrémités *A D C*, je fais passer une courbe, on verra que cette courbe est une parabole; car BC^2 est à CD^2 ce que l'abscisse *A B* est à l'abcisse *A C*. Je tire la corde du segment *A C*, qui sera aussi l'hypothénuse d'un triangle rectangle isocele, je tire encore deux autres cordes *A D D C*; & du point *D* j'abaisse une perpendiculaire sur *B C*, cette perpendiculaire divise en deux triangles égaux; le grand triangle obtusangle *A D C*, qui, comme on le sait, n'est que le quart du grand triangle *A B C*; car le petit triangle *A D N* est moitié du triangle rectangle isocele *A J N*, puisqu'ils ont même hauteur, & que la base *A J* est double de *D M*: or, comme ce triangle n'est que le quart du grand triangle, & qu'il égale deux fois *A D N*, moitié de l'obtusangle; donc cet obtusangle n'est que le quart du grand triangle; il en sera de même de tous les triangles qu'on inscrira dans les segmens plus petits. On conclut de-là, que la surface parabolique eſt compoſée d'une ſuite de triangles décroiſſans dans cette proportion $1\ \frac{1}{4}\ \frac{1}{16}\ \frac{1}{64}$, &c. ; or, on ſuppoſe que le dernier terme de cette ſuite eſt infiniment petit qu'on néglige, & cette ſuite de triangles ſe trouve ſommée par la formule $S = \frac{a\,a}{a-b}$, en faiſant $a = 1$, & $b = \frac{1}{4}$, ce qui donne $S = \frac{4}{3}$, ou le ſegment $= \frac{4}{3}$ du grand triangle $= \frac{2}{3}$ du quarré circonſcrit ; mais en ſommant cette ſuite, on a fait uſage d'infiniment petit qu'on a fait évanouir ; & je tremble toujours, lorſque je vois, dans le calcul, infini que je ne connois pas, & qu'on fait paroître & évanouir à ſon gré. Je ne perds point de vue ma ſuite de triangles qui m'a donné tant de richeſſes, & qui ne me donne qu'abſurdité quand je prends infiniment petit pour ſon premier terme. Mais voyons, j'ai un terme de comparaiſon à préſenter. (*fig.* 17.) Du point *C*, je tire une ligne inclinée à *BC*, de 15°, j'en tire une ſemblable du point *A*, ces deux lignes ſe rencontreront en un point *M* que je prends pour centre d'un cercle, & avec un rayon *AC*, je décris, de ce centre, un arc de cercle qui ſe confond avec notre parabole. Dira-t-on que le cercle & la parabole ſont deux courbes qui ſympatiſent beaucoup dans leurs propriétés, & qu'à cet inſtant il ſe trouve un eſpace circulaire égal à l'eſpace paraboliqu ; mais s'il eſt ainſi, nous avons donc par ce moyen la quadrature du cercle ; car l'arc *AC* eſt un arc de 60°; & en prenant ſix fois l'eſpace *ABC*, que nous venons de quarrer, il ne manque plus, pour completter le cercle, que douze triangles ſemblables à *MBC* ; or, faiſons la ligne *AC* = 99, la ligne *AB* ſera = 70, dont le quarré = 4900 ; prenant les $\frac{2}{3}$ pour l'eſpace curviligne = 3266 $\frac{2}{3}$; multipliant par 6 = 19600, chaque triangle *MBC* = 896 environ, multipliez par 12 = 10750, ajoutez à 19600 = 30350; cette expreſſion donneroit donc la ſurface d'un cercle dont le rayon feroit = 99 ; car la ligne *AC*, que nous avons dit = 99, eſt la corde d'un arc de 60°, & conſéquemment égal au rayon : mais avec un tel rayon, on doit avoir pour ſurface environ 30796; la différence ſe peut appercevoir ; on en conclura ce qu'on voudra ; pour moi, je me garderai bien de rien dire ; car je ſais que la courbe que j'ai conſtruite n'eſt pas une parabole rigoureuſe ; pour cela, il faudroit encore diminuer un peu la ſurface du ſegment. Je ne prétends point, comme on dit, déquarrer la parabole ; mais ſeulement apprendre à nos infinitaires à ſe méfier un peu de leurs lumieres, leur apprendre à être un peu plus circonſpects dans leurs concluſions, & à ne pas mépriſer, dédaigner, inſulter avec hauteur ceux qui marchent dans un chemin peut-être plus ſûr que le leur; enfin, à ſavoir diſtinguer d'avec un vil pourceau qui ſe vautre dans la fange, un taureau puissant qui sillonne à pas lents, mais qui fournit avec vigueur sa laborieuse carriere. Je ne sais pas, au reste, de quel œil le public verra que nos subtils Géometres s'accordent dans leurs résultats avec des procédés qui font le polygone inscrit plus grand que le cercle, & le circonscrit plus petit.

Notre segment, prétendu parabolique, ne nous donne donc point la quadrature du cercle : il y a cependant une vérité cachée sous cette écorce, & nous serons apparemment plus heureux en suivant la trace de la vérité, & en regardant cet espace comme appartenant à un cercle, pour lors la ligne *A C* devient le rayon du cercle, & aussi la corde d'un arc de 60°, & encore l'hypothénuse d'un triangle rectangle isocele *A B C*; donc en décrivant (*fig.* 18.) un autre cercle avec un rayon *A B*, ce cercle aura moitié moins de surface que le premier. Du centre *M* du premier cercle, je tire une ligne jusqu'à *B*, & j'ai un triangle obtusangle *M B C*; puisque *M C* égale la corde de 60° du grand cercle, je puis sur cette corde construire encore ce triangle; car en transportant la ligne *B C*, qui est, elle, corde de 60° du petit cercle, la ligne *M B* se trouve être la corde d'un arc de 30°, & la grande ligne *A C* devient encore corde de 90° d'un cercle qui a moitié moins de surface que celui dont elle est corde de 60°.

Cette construction bien certaine, je tire, au-dessous de *B C*, à une distance arbitraire, une ligne ponctuée qui part du point *C*, & va se terminer à la corde de 30°; il est clair que cette ligne forme, dans le grand segment, un autre petit segment que j'ai marqué 2; & aussi, hors du segment, un triangle aussi marqué 2, & qui est sûrement plus petit que le segment 2: or, suivant l'hypothese que j'ai déja établie, lorsque de deux quantités inégales, la plus grande décroît par des rapports successifs à-peu-près égaux à ceux dont la plus petite augmente, ces deux quantités arrivent enfin à l'égalité: or, faisons marcher la ponctuée, & lorsqu'elle se consondra avec *B C*, le triangle mixte, marqué 2, sera égal au segment 2, alors le triangle obtusangle sera égal au grand segment, & nous aurons encore, par ce moyen, la quadrature du cercle. Il est facile de voir la vérité; faisant le rayon du grand cercle $= 99$, sa surface égale, selon mes principes, 30796, la ligne $AB = 70$, son quarré $= 4900$; prenant trois fois pour les six grands triangles, nous aurons 14700, si chacun des triangles *C B M* $= 894\frac{1}{4}$, très-peu près, le grand segment étant égal à un de ces triangles, il y a dans le cercle six segmens & douze triangles *C B M*; multiplions par 18 un triangle $894\frac{1}{4}$, nous aurons $16096\frac{1}{2}$, ajoutez à $14700 = 30796\frac{1}{2}$, & nous avons notre surface $= 30796$; mais il n'est pas possible de faire le triangle *C B M* plus petit que

896, & il faut conclure que le segment est moindre que le triangle de deux fois la différence de $894\frac{1}{4}$ à 896, c'est-à-dire, de $3\frac{1}{2}$; or, la ponctuée termine sa course en divisant l'arc en deux parties égales, & en se confondant avec le côté du triangle ou la limite que j'ai fait $= 70$; la soixante-dixieme partie de cette limite représente donc une des unités dont l'assemblage compose le triangle; & si je terminois la course de la ponctuée, un point plutôt, j'ôterois du triangle au moins 35 unités; ainsi la ponctuée doit bien passer par la moitié de l'arc pour nous donner l'espace rectiligne égal au segment; mais elle ne doit pas être tirée toute entiere; & la regardant comme limite élémentaire du triangle, il en faut retrancher un septieme, & c'est de-là que résulte l'irrationalité des rapports en surface; parce que, pour comparer des superficies de différentes especes, il y en a souvent une dont il faut tronquer une partie de la limite; & alors il n'y a point de formule algébrique qui puisse représenter le rapport. Néanmoins on peut faire utilement usage du moyen présent toutes les fois qu'on aura un segment dont l'arc sera indéterminé; on menera une tangente à une des extrémités du segment; & divisant l'arc en deux parties égales, on tirera une ligne comme ici la ponctuée, qui se terminera à la tangente extérieurement, & à l'autre extrémité du segment intérieurement.

Je vais encore mettre sous les yeux du Lecteur une démonstration moins détaillée que la premiere, mais qui peut suffire lorsqu'on connoît les principes d'où je pars; je la communiquai à un Géometre de réputation, qui, pour me tranquilliser, m'assura que jamais on n'avoit plus approché que moi: cette décision est fausse, & ne termine rien; ou j'ai trouvé la vérité, ou je ne suis pas seulement le plus pitoyable des approximateurs. S'il est vrai, comme le disent les infinitaires, que le quarré du rayon étant 10000, la surface = 31415, & que 31416 soit trop fort, moi, qui monte jusqu'à 31421, on ne doit pas seulement m'écouter si je parle.

Il semble que l'Œdipe du problême étoit marqué par la nature pour être seul de son parti; si effectivement j'eusse perfectionné & poussé au dernier terme les travaux de nos devanciers; la gloire seroit foible d'être parvenu au sommet de la vérité, vers laquelle on auroit ouvert tant de chemins différens: mais l'erreur étoit par-tout; il falloit ouvrir une nouvelle route, près de laquelle pourtant se trouve le petit sentier de Métius, mais sur lequel on raisonnoit bien différemment, puisque le grand artisan, M. D. M., prétendoit que par ce sentier on alloit au-delà du but, le peuple Géometre, entraîné par son suffrage, en disoit autant, & je n'ai trouvé que ceux qui prenoient la lumiere, & non le préjugé pour guide, qui ſoient convenus que Métius étoit encore foible ; cet aveu, une fois échappé, il n'y a pas moyen, il faut venir juſqu'à moi : on va s'en aſſurer de nouveau.

Selon les calculs reçus de tous les Géometres, le quarré du rayon étant = 10000, la ſurface = 31415, c'eſt-à-dire, (*fig.* 2. *pl.* 4.) qu'en prenant d'un rectangle égal à la ſurface trois fois le quarré du rayon, le petit parallélogramme qui reſte = 1415 : & ſi, dit-on, à la place de 5 on mettoit un 6, l'expreſſion iroit au-delà du véritable terme. On eſt ſûr, d'ailleurs, que ce petit parallélogramme *P*, pris ſept fois, n'égale pas encore le quarré du rayon, & qu'il faudroit y ajouter une quantité *Z* auſſi inconnue que lui ; mais ſûrement $7 P + Z = 10000$. Il faut bien obſerver que ces deux inconnues *P* & *Z* ſe réduiſent a une ſeule ; car l'une d'elles déterminée, l'autre le devient auſſi-tôt. *P* étant, comme on l'aſſure, à-peu-près 1415, en multipliant par 7, on aura 9905 ; donc *Z* ſera auſſi à-peu-près 95. Selon moi, pour avoir la quantité *P*, je diviſe le parallélogramme par une diagonale qui me donne deux triangles rectangles chacun $= \frac{1}{2} P$; & je dis (*fig.* 4. *pl.* 4.) qu'en portant le rayon du cercle ſur la corde de 90° de *B* en *V* ; ſi vous élevez ſur le point *V* une perpendiculaire *VK*, & ſur le point *K* une autre perpendiculaire *KH* ; tirant

tirant *AH* inclinée au rayon de $22^\circ \frac{1}{2}$, vous aurez un triangle *AKH* que l'analogie m'a démontré = à la moitié du parallélogramme *P*, ou = au triangle rectangle $\frac{1}{2}$ *P*. Je donnerai toujours la marque de la ſuppoſition au triangle *AKH*, lorſque je l'appellerai $\frac{1}{2}$ *P*, il eſt ſûr (*fig.* 8. *pl.* 5.) qu'en le conſtruiſant ſept fois dans le grand triangle, moitié du quarré du rayon, il reſte un petit triangle ombré, qui, ſelon moi, ſera la quantité $\frac{Z}{2}$; or, on calcule ce triangle $\frac{1}{2}$ *P*, & on trouve qu'en prenant deux fois ſa ſurface, elle égale $1421 \frac{1}{14}$, ce triangle ſurpaſſe un peu le rapport avoué par les Géometres, & on aura bien de la peine à l'admettre; il nous préſente cependant un aſſemblage fort heureux; car en prenant ſept fois $1421 \frac{1}{14}$, nous avons $9949 \frac{1}{2}$, & reſte $50 \frac{1}{2}$ pour le triangle ombré, qui ſe trouve lui cent quatre-vingt-dix-huit fois dans le grand triangle. Cet aſſemblage fortuit, dit-on, n'eſt pas étonnant, & il ne décide rien : on en trouvera une infinité de cette eſpece; ſi cela eſt vrai, il eſt bien plus étonnant qu'on ne trouve pas aiſément la quadrature : car, on a facilement priſé ſur cette quantité *Z*, qui eſt très-petite, & qui varie prodigieuſement lorſqu'on altere tant ſoit peu la quantité *P*. Pour moi, j'eſpere qu'on voudra bien me pardonner la témérité que j'ai d'examiner de près le travail, ou, pour mieux dire, l'aſſertion de tant d'habiles gens qui nous ont précédés. Nous trouverons dans les limites d'Archimede, qui sont elles démontrées bien rigoureusement, un terme de comparaison. Suivant ce grand géometre, le rayon du cercle étant = 1, le polygone inscrit de 96 côtés = 3 & $\frac{10}{71}$, & le polygone semblable circonscrit = 3 $\frac{10}{70}$: la surface est donc entre ces deux limites. On sait, à n'en pas douter, qu'elle n'est pas moyenne proportionnelle ; on sait même qu'elle approche plus du polygone circonscrit, & qu'elle en approche si fort, qu'Archimede la confond avec lui. D'après cela, je fais le quarré du rayon = 71, la surface foible sera 223 ; je fais encore le quarré du rayon = 70, la surface excédente sera 220 : je dis ensuite le quarré du rayon 71 : 223 :: 10800 : 31428. Puis le quarré du rayon 70 : 220 : 10000 : 31428. Le rapport avoué $\frac{10000}{31411}$ se loge entre ces deux rapports ; mais le mien s'y place aussi ; j'arrange tous ces rapports en une colonne.

Rapport foible d'Archimede, $\frac{10000}{31408}$.
Rapport avoué des Géometres, $\frac{10000}{31411}$.
Mon nouveau rapport, $\frac{10000}{31420}$.
Rapport excédent d'Archimede, $\frac{10000}{31428}$.

Si la vraie surface doit s'approcher plus du polygone circonscrit que de l'inscrit, il est aisé de voir le rapport qu'on doit choisir de préférence.

Autre chose encore ; en prenant le rapport de Métius $\frac{113}{355}$, on est sûr que cette approximation est en défaut : faisant une proportion avec le rayon composé de l'unité, suivie de sept fois zéro, on trouvera $113 : 355 :: 10000000 : 31415929 \frac{23}{113}$, & cependant, à l'approximation avouée des Géometres, au lieu de ce dernier 9, on trouve un 6 ; voilà donc ce rapport, qui, dès la septieme décimale, manque, non pas comme on l'a dit, d'une seule unité ; mais on peut dire, sans errer, de 8 ou 10 : car, si en y ajoutant quatre unités, il n'égale que celui de Métius, qui est encore trop foible, il n'y a plus lieu de s'appuyer d'une approximation aussi fautive pour rejetter les découvertes qui ne s'accordent pas avec elle.

Je continuerai donc avec confiance ma démonstration. (*fig.* 4. *pl.* 4.) Je prolonge l'hypothénuse du triangle rectangle *AKH* jusqu'à *D* ; sur cette ligne, devenue égale à la corde d'un segment de 45°, je forme ce segment que j'appelle x, je tire *DK*, & j'ai un nouveau triangle obtusangle que j'appelle $2c$, & que je puis dire égal, plus petit ou plus grand que deux segmens $2x$; s'il étoit égal, on auroit déja la quadrature, puisqu'il ne s'agiroit que de le joindre quatre fois à l'octogone ; mais le calcul qui en résulte fait voir que ce triangle est plus grand que $2x$; & appellant *D* son excès sur $2x$, je dis qu'il y a un triangle possible plus petit que $2x$, de la même quantité D ; ce triangle eſt celui que j'ai appellé $\frac{1}{2} P$, tellement qu'il faut dire $\div \frac{1}{2} P. \, 2 \, x. \, 2 \, c$; ſi l'on ne veut pas que $\frac{1}{2} P$ ſoit le premier terme de cette proportion, ce ſera ſûrement $\frac{1}{2} P +$ ou $- N$, $\frac{1}{2} P + N$ eſt déja exclus ; puiſque même on croit que $\frac{1}{2} P$ eſt trop grand, il n'y a donc qu'à choiſir entre $\frac{1}{2} P$ & $\frac{1}{2} P - N$, & celui des deux qui nous donnera la ſurface ſans abſurdité ſera infailliblement le véritable.

Pour faciliter le calcul de ces quantités, je fais paſſer au ſommet D de l'obtuſangle $2 \, c$ une parallele à ſon moyen côté, & je fais de ce moyen côté l'hypothénuſe d'un triangle rectangle iſocele, dont le ſommet ira ſe terminer à la parallele, & ce triangle rectangle ſera conſéquemment $=$ $2 \, c$; puiſqu'élevé entre paralleles, il a auſſi même baſe que l'obtuſangle $2 \, c$. De-là, je tire cette propoſition générale, que tout triangle rectangle iſocele $=$ un triangle obtuſangle, dont les deux angles aigus $=$ l'un $22^{\circ} \frac{1}{2}$, & l'autre 45°, & qui a de plus ſon moyen côté $=$ à l'hypothénuſe du triangle rectangle ; faiſant déja uſage de cette propoſition, je vais trouver dans le triangle rectangle $2 \, c$ la quantité $= \frac{1}{2} P$; car portant (*fig.* 4.) ſon côté ſur ſon hypothénuſe ; au point J, qui partage ces deux lignes, j'éleve une perpendiculaire qui me donne un petit triangle rectangle iſocele, que j'appelle $2 \, D$, & ſon hypothénuſe préſente le côté d'un triangle iſocele, dont l'autre côté forme le moyen côté d'un petit triangle obtusangle qui sera aussi $= 2D$, & qui est semblable au grand obtusangle $2C$ dont il a été séparé pour laisser le triangle rectangle $\frac{1}{2}P$. D'après cela, le calcul est facile.

Je fais $= 2$ l'hypothénuse du triangle rectangle isocele $2C$, son côté sera $\sqrt{2}$, & le rayon du cercle sera $2 + \sqrt{2}$; le quarré du rayon sera $6 + 4\sqrt{2}$; prenant trois fois $= 18 + 12\sqrt{2}$, à quoi il faut ajouter deux fois le triangle $\frac{1}{2}P$ ou $4C - 4D$. $4C = 2$, le côté $2D = 2 - \sqrt{2}$, & son quarré $6 - 4\sqrt{2} = 4D$. Ainsi $2 - 6 + 4\sqrt{2}$, ajouté à $18 + 12\sqrt{2} = 14 + 16\sqrt{2}$ pour la surface.

Par ce moyen, je trouverai encore dans l'équation à la courbe l'ordonnée qui donne la surface ; car faisant passer par le sommet du triangle rectangle isocele $2C$, une ordonnée qui sera le sinus de 45°, l'abscisse sera $= 1$, le rayon du cercle étant, comme je l'ai supposé, $2 + \sqrt{2}$, l'ordonnée sera $1 + \sqrt{2}$; multipliant cette ordonnée par le rayon + l'abscisse, vous aurez un rectangle plus grand que la surface du quart de cercle d'une fois & demie le quarré de l'abscisse ; tellement qu'il faudroit dire en prenant pour ordonnée le sinus de 45°, la surface du quart de cercle $= y^2 + 2xy - \frac{3x^2}{2}$, & calculant ces quantités, on aura $3\frac{1}{2} + 4\sqrt{2}$ pour le quart du cercle.

Pour avoir des expressions numériques assez précises, je fais, selon l'usage, le rayon du cercle $= 1$, & son quarré pris trois fois $= 3$, pour lors la corde de $90° = \sqrt{2}$, & le côté de $2\,C = \sqrt{2} - 1$, & son quarré $3 - 2\sqrt{2} = 4\,C$: pour trouver le côté de $2\,D$, il faut exprimer l'hypothénuse de $2\,C$, & en retrancher le côté; or, le quarré de l'hypothénuse de $2\,C = 6 - 4\sqrt{2}$, & cette hypothénuse sera $2 - \sqrt{2}$; pour avoir le côté $2\,d$, j'ôte $\sqrt{2} - 1 = 3 - 2\sqrt{2}$, & son quarré $9 - 12\sqrt{2} + 8 = 4\,D$; & ôtant le quarré de $3 - 2\sqrt{2}$, nous aurons pour surface $3 + 3 - 2\sqrt{2} - 17 + 12\sqrt{2} = 10\sqrt{2} - 11$. Or $\sqrt{2} = 1,4142$; multipliant par $10 = 10, \frac{41420}{10000}$; & comme la premiere décimale vaut quatre unités, nous aurons $14\frac{1420}{10000} - 11$, c'est-à-dire, que le rayon étant $= 1$, sa surface $= 3\frac{1420}{10000}$.

Pour voir s'il y a une analogie entre cette expression & celle que nous avons trouvée, il faut faire attention que les surfaces sont comme le quarré des rayons, & dire le rayon étant $= 1$, son quarré 1 est à $10\sqrt{2} - 11$, ce que $6 + 4\sqrt{2}$ quarré du rayon $2 + \sqrt{2}$ est à $14 + 16\sqrt{2}$, ou $1 : 10\sqrt{2} - 11 :: 6 + 4\sqrt{2} : 14 + 16\sqrt{2}$.

Cette proportion est bien exacte & bien complette, & elle sera détruite si on fait usage du triangle $\frac{1}{2}\,P - N$; car tout le calcul que nous avons fait sera le même; seulement il faudra mettre encore $- 2\,N$ au second & au quatrieme terme de la proportion, qui, dès cet instant, sera détruite, puisque dans le quatrieme terme la quantité $-2N$ ne changera point étant multipliée par 1, tandis qu'au second terme elle sera multipliée par $6+4\sqrt{2}$.

Comme je n'ai tracé ci-dessus que superficiellement le tableau du travail de nos devanciers, je vais le présenter de nouveau ; car leurs erreurs rend la quadrature du cercle d'une conséquence infinie : en effet, lorsqu'au lieu de considérer les ténebres qui nous environnent, & d'en sonder la profondeur, nous nous avançons avec audace comme s'il n'y avoit plus d'obstacle entre nous & la vérité que nous devrions attendre & respecter en silence ; est-il un instant où nous ayons plus besoin de lumiere ?

Qu'il est triste de penser qu'il faudra laisser dans l'Encyclopédie & dans tous ces grands livres qui doivent passer à la postérité toutes les inepties qu'on a debitées sur la quadrature du cercle. Nos infinitaires ont beau nier, décrier, insulter, mépriser, il leur faut dégringoler de la place où ils se sont mis, leur travail ne leur fournit pas même une approximation supportable. Depuis Archimede jusqu'à moi, je ne vois que deux approximateurs qui ont abandonné la route battue. L'un d'eux, nommé M. de Vaussenville, vient de mettre au jour son travail, qui méritoit autant d'éloges qu'on lui a fait éprouver de chagrins,

& prodigué de mauvais traitemens. Il est vrai que peut-être il a assuré avec un peu trop d'indiscrétion qu'un zélé Patriote avoit laissé à l'Académie une somme pour être délivrée à celui qui quarreroit le cercle : en avançant cette assertion, il falloit avoir les preuves en main. Néanmoins l'Académie ne peut se mettre à l'abri de tout reproche, qu'en rendant publiques les dispositions du testateur, ou au moins en indiquant le notaire où on pourra consulter la minute du testament; car le legs est certain, les papiers publics en firent mention dans le temps; mais les vues du Patriote ne furent pas détaillées avec toutes leurs circonstances.

Quoi qu'il en soit, M. de Vaussenville se met en situation de la maniere la plus heureuse pour quarrer le cercle; & poussant son travail avec toute la fermeté & la constance d'un Géometre, il arrive à une derniere équation très-compliquée qu'il vient à bout de réduire, & il trouve que le rayon étant = 1, le nombre 432 = vingt-deux fois le quarré de la circonférence — son cube $\times \sqrt{3}$. La prodigieuse irrationalité de cette expression ne permet pas d'en tirer des nombres pour lui assigner une place parmi les autres approximateurs; toutes les fois que j'ai voulu l'effectuer en nombres, j'ai toujours trouvé beaucoup plus que 432, & je me persuade que l'erreur vient de ce que dans son équation on trouve une quantité qui eſt multipliée par l'unité, & la ligne qu'il fait en cet inſtant égale à l'unité, eſt bien réellement = $\sqrt{\frac{1}{4}}$, ce qui futiliſe ſa réduction. D'ailleurs, j'ai cherché avec ma ſolution le centre de gravité d'un ſecteur, & ne l'ai pu trouver qu'au ſecteur de 90°, qui eſt l'inſtant où la conſtruction de ce Géometre s'anéantit; & je ſuis très-porté à croire que le centre de gravité d'un ſecteur, qui, dans la pratique, paroît en général ſe confondre avec le centre de figure, en eſt cependant quelquefois diſtingué par des différences à la vérité inaſſignables, mais qui ſuffiſent pour que la théorie ſe trouve en défaut.

L'autre Géometre, dont j'ai prétendu parler, étoit un Profeſſeur de l'Univerſité, nommé Baſſelin; ſon Ouvrage, qui fit grand bruit, parut vers 1740; ce fut à ſon occaſion que le Préſident Meſlai fit à l'Académie ſon legs, où il étoit fait mention de la quadrature; du moins, tel fut le bruit public. J'étois trop jeune alors pour ſuivre avec une attention réfléchie le fil de cet événement; je ne me ſouviens que de bruits vagues, & mon témoignage ne peut pas être de grand poids à cet égard. Tout ce que je puis dire, c'eſt que ce fut-là comme le ſignal pour moi, & je dois regarder Baſſelin comme celui qui me ſouflât l'eſprit qui tourmente les quadrateurs. Ce Géometre étoit un de ces hommes ſimples & modeſtes qui ſe taiſent ou balbutient en préſence d'une aſſemblée de Savans faits pour en impoſer; il parut dans une ſéance académique où on l'accabla d'une foule d'objections auxquelles il ne répondit que par des monoſyllabes, & on finit par l'éconduire, & le regarder comme un pitoyable raiſonneur; c'eſt le portrait qu'en fait l'Auteur des recherches, lui dans ſa pitoyable compilation où il traite d'ignorans & de foibles d'eſprit tous ceux qui cherchent à quarrer le cercle, & où il déclare indignes d'être écoutés tous ceux qui n'adoptent pas les vérités conſignées dans ſa compilation, & ces vérités ſont, comme je l'ai déja dit, que le polygone inſcrit eſt plus grand que le cercle, & le circonſcrit plus petit.

Baſſelin, profond rêveur, découvre une ſuite de quantités curvilignes qui lui donneroient la quadrature s'il venoit à bout d'en exprimer une poſitivement, ce qui ſeroit ſi l'Algebre pouvoit le conduire dans ſa marche; la conjecture & la probabilité viennent à ſon ſecours, & ne lui laiſſent conſéquemment qu'une approximation, mais la plus ſubtile & la plus certaine de toutes; auſſi devance-t-il Archimede, qui, tout bien conſidéré, ne penſoit qu'indirectement à la quadrature, que l'Algebre, alors inconnue, laiſſoit impoſſible. Baſſelin prend une route différente & plus heureuſe que celle d'Archimede; mais point d'Algebre, point de quadrature. Longomontanus ne fait que dire ce que le travail d'Archimede suppose; & n'employant point d'Algebre, la quadrature lui échappe. Métius est encore plus directement, mais moins heureusement copiste d'Archimede, il ne faut, pour son procédé, ni Géométrie, ni Algebre, toute l'adresse consiste à prendre seize fois le rapport excédent de 7 à 22, ce qui est même chose que 1 à $3\frac{1}{7}$; cela donne 112 & 352; & pour anéantir les seize excès, il ajoute d'un côté 1, & de l'autre 3 sans fraction. Quant à Ludolph, le premier qui se soit servi des décimales pour quarrer le cercle, il eut soin de s'arrêter à la rencontre d'un zéro, étoit-il las de calculer? S'apperçut-il de la barriere que lui opposoit la nature? J'ignore si ce fut fatigue ou discrétion; mais je suis certain que ceux qui vinrent après lui ne connurent point cette barriere, & qu'ils donnerent à pleine tête dans la route de l'absurdité. On me rit au nez lorsque je parle de l'abus qu'il y a à se servir des décimales; il seroit difficile de prouver mon assertion, s'il falloit pour cela faire usage du travail de Ludolph; mais heureusement nous avons dans la racine de 3 un moyen facile d'assurer ce que j'avance: cette racine, tirée avec les décimales, nous donne zéro bien promptement; car elle est $= 1,7320$, ce qui signifie que si le petit côté d'un triangle rectangle $= 10000$, son moyen côté $= 14142$, son hypothénuse sera $= \sqrt{3}$, ou 17320, & le quarré de cette hypothénuse doit valoir trois fois le quarré du petit côté 10000 = 300000000; mais le quarré de 17320 = $299 \frac{82400}{17600}$, & il s'en faut de 17600 que nous n'égalions le triple quarré; à la place de zéro mettons une unité, nous aurons 17321, dont le quarré = 300017041 qui excede, mais qui est plus prochain d'environ 600 unités; or, lorsqu'on a deux moyens pour approcher d'un but, n'est-il pas absurde d'abandonner le plus prochain pour suivre celui qui l'est le moins? Qu'on se donne la peine maintenant d'examiner à la table pour $\sqrt{3}$, page 56, & on trouvera au dernier nombre 10864, qui représente le petit côté du triangle rectangle dont je viens de parler, & dont le quarré = 118026496 multipliant par 3 = 354079488, qui, à une unité près, donne le quarré de l'hypothénuse = comme à la table 18817.

Des nombres qui ne nous éloignent du but que d'une unité, qu'il est encore possible d'affoiblir, comme je l'ai montré à $\sqrt{2}$; de pareils nombres, dis-je, doivent avoir quelque préférence sur d'autres qui nous en éloignent de 17600.

Tout homme sensé qui voudra y faire la plus légere attention, appercevra aisément le ridicule du travail de Ludolph & des autres Décimalistes; ils conviennent de la rigueur de la démonstration d'Archimede, qui dit que le quarré du rayon étant = 1, la surface du cercle = 3 & un peu moins que $\frac{10}{70}$, mais beaucoup plus que $\frac{10}{71}$. Pour enchévir sur Archimede, il falloit, ce semble, commencer par une fraction ou égale ou plus forte que $\frac{10}{71}$; cependant nos Décimalistes commencent par $\frac{1}{10}$; oui, disent-ils, $\frac{1}{10}$ est bien trop foible; mais qu'on suive, & on verra avec quelle célérité nous avançons. Eh bien, suivons-les; du second pas ils ont $\frac{14}{100}$, c'est encore plus foible que $\frac{10}{71}$; au troisieme pas on a $\frac{141}{1000}$, qui commence à représenter $\frac{10}{71}$; mais ils savent bien que le moyen proportionel, entre les deux expressions d'Archimede, est encore au-dessous du cercle; or, à la place de 141 mettez $\frac{142}{1000}$; & cette expression touche de si près au moyen proportionel, qu'il faut toute la sagacité d'un calculateur pour voir qu'elle devance à peine. L'unité qu'on ajoute à cet instant vaut elle seule plus que toutes les décimales qu'on ajouteroit après, y en eût-il une ligne qui allât d'ici jusqu'à Saturne; C'est donc bien inutilement qu'on s'est donné tant de peine pour entasser à tant de reprises des décimales qui ne valent pas l'unité qu'on devoit ajouter & s'arrêter.

Approchons donc tous les travaux utiles qui se peuvent réunir; & pour y procéder par ordre, mettons d'abord le travail d'Archimede, qui, lorsque le rayon = 1000, fait la surface du cercle moindre que 31428; vient ensuite Basselin qui la fait = 31423, puis moi, Archiange, qui la trouve = 31420 +; ce signe annonce que si on augmentoit l'expression, le zéro deviendroit un chiffre réel. Après moi vient Longomontanus qui donne 31418;

Métius vient ensuite, & enfin Ludolph & tous les Décimalistes, qui l'expriment avec 31415, & nous finirons par l'autre travail d'Archimede, qui assure que la surface du cercle est plus grande que 31408.

CHAPITRE VI,

Où l'on fait usage des découvertes précédentes.

ON est persuadé, je pense, que nous connoissons bien les élémens de la quantité irrationelle, & cette connoissance fertile nous a déja aidé à quarrer le cercle. On n'aura plus besoin d'avoir recours à des lignes sans largeur, à des points sans étendue, à des infinis de différens ordres qui disparoissent l'un devant l'autre, & à tant de belles choses sorties du royaume des chimeres. La ligne sera regardée comme la limite de l'étendue ; ce sera sur cette limite qu'on prendra les dimensions selon lesquelles on voudra diviser l'étendue, qui sera d'abord réduite en élémens linéaires, qui seront autant de rectangles qui auront pour longueur la limite qui sera identifiée avec le rectangle élémentaire, & leur largeur sera toujours la plus petite partie dans laquelle on aura divisé la longueur, & qui représentera l'unité ; cette unité se divisera en points rationels ou irrationels. Les Géometres connoissent la maniere de diviser rationellement, & nous venons de trouver la division irrationelle ;

& que ne peut-on pas eſpérer de cette maniere de diviſer, ſi on vient à bout de la joindre à d'autres procédés heureux ?

Le cercle eſt une figure bien parfaite, & on peut dire que ſa perfection réſulte de l'accord de toutes les quantités irrationelles. L'Algebre nous apprend quelques loix générales qui regnent entre ces quantités ; par exemple, qu'en abaiſſant d'un point de la courbe une ligne qui coupe à angles droits le diametre, le quarré de cette ligne eſt toujours égal au produit des deux lignes coupées ; mais cela ne nous inſtruit point du choix des nombres qu'il faut prendre pour faire un uſage utile de cette loi.

Les Géometres, qui ſentirent de bonne heure leurs beſoins, n'épargnerent rien pour s'aſſurer des calculs qui leur étoient néceſſaires ; & voulant amoindrir les erreurs qu'ils ne pouvoient éviter, ils pouſſerent très-loin la diviſion de leurs lignes, ce qui n'eſt pas néceſſaire lorſqu'on a une expreſſion exacte de la ligne. Si, par exemple, je diviſe le rayon d'un cercle en dix parties, le ſinus de 30° toujours égal à la moitié du rayon ſe trouvera diviſé en cinq parties, ſi je diviſois ce dernier en 50 millions de parties, le rayon le ſeroit en 100 millions ; l'exactitude ſeroit la même de l'un & de l'autre côté ; mais quelle différence pour la ſimplicité du petit nombre, & la facilité qu'il y auroit à le manier ! Pour ſe procurer toujours un ſemblable avantage, il faudroit peut-être introduire

introduire dans le cercle une nouvelle diviſion, & c'eſt une révolution qu'il n'y a pas lieu de voir arriver ; ainſi il faudra nous arranger ſuivant les diviſions reçues ; mais avant tout, je vais donner une table pour équivaloir aux tables des Logarithmes.

On ſait que le but de ces tables eſt de changer toutes les multiplications en addition, & les diviſions en ſouſtraction ; or, il eſt ſûr que dans la multiplication on diſtingue le produit, le multiplicande, & le multiplicateur ; ſi je fais le multiplicateur $= a$, & que le multiplicande ſoit auſſi $= a$, le produit ſera le quarré a^2 ; ſi c'eſt la moitié du multiplicande qui $= a$, le produit ſera deux fois le quarré a^2 ; & ſi cette moitié eſt plus grande ou plus petite d'une quantité d, ce multiplicande ſera $2a \pm 2d$, & ſon produit, par le multiplicateur a, ſera $2a^2 \pm 2ad$; ſi j'ajoute à ce produit le quarré d^2, j'aurai deux quarrés parfaits, dont l'un ſera a^2 quarré de a, & l'autre $a^2 \pm 2ad + d^2$, quarré de $a \pm d$; or, comme ce ſont-là tous les cas poſſibles de la multiplication, & que dans tous ces cas je ne trouve que des quarrés ; donc, avec une table de tous les quarrés, je puis faire toutes les multiplications ; mais une pareille table eſt bien plus ſimple, plus facile à conſtruire, & d'une toute autre étendue que celle des Logarithmes. Je n'ai donné à la préſente que 692 termes, parce que ce nombre ſuffit pour calculer les ſinus du $\frac{1}{2}$ de cercle; j'indique, en continuant jusqu'à 700, le moyen de pousser cette table aussi loin qu'on voudra. (Un Compagnon Imprimeur, qui sait seulement faire l'addition, peut continuer sans aucun secours.) Pour cela on prendra la moitié de 692 = 346 qu'on cherchera dans la table; & prenant quatre fois le quarré qui vient après; savoir, 481636, on aura, non pas le quarré du terme suivant, qui est impair, mais du terme pair 694. Continuant de même à prendre quatre fois le quarré de 348 = 484416, on aura pour l'autre terme pair 696, puis quatre fois 121801 donnera pour 698, & quatre fois le suivant pour 700; en continuant de la sorte, on aura pour tous les nombres pairs, & la case que j'ai laissée pour les nombres impairs, se remplira en joignant au quarré qui précede deux fois la racine de ce quarré + 1. Vous avez, pour 692, son quarré = 478864; ajoutez-y deux fois 692 + 1, ou 1385, & vous aurez, pour 693, son quarré = 480249, & toujours de même, en faisant cette derniere opération, vous pourrez encore vérifier vos nombres pairs, & assurer ainsi le travail qu'on continuera à volonté.

Cette table a l'avantage de permettre de prendre pour multiplicande un nombre double de celui auquel elle est terminée; celle-ci finit à 700; on peut néanmoins prendre 1400 pour multiplicande. Avec la table des Logarithmes de M. Deparcieux, calculée jusqu'à 20000, le multiplicande ne peut aller au-delà de 141, & il faudroit environ cent fois autant de termes, c'est-à-dire, près de 2 millions pour aller à 1400.

Voici comme il faut se servir de ma table ; supposez qu'on veuille multiplier 1384 par 595, d'abord on n'écrira que la moitié du multiplicande, chose très-aisée à ceux qui ont le plus leger usage du calcul ; lorsqu'on dit 13, on écrit la moitié 6, reste 1 qu'on joint à 8, dont la moitié 9, puis la moitié de 4 = 2, le tout = $\frac{692}{191}$; vous mettez au-dessous le multiplicateur 595, vous cherchez dans la table les deux quarrés de ces nombres que vous ajoutez = 832889 ; mais ce produit est trop grand, il donne le quarré a^2, & le quarré de $a + d$, il en faut ôter d^2, voyez donc quelle est la différence de vos deux nombres = 97, & cherchez son quarré = 9409 que vous ôterez, reste 823480, vrai produit de 1384 par 595. Quant à la division qui détruit ce qu'a fait la multiplication pour opérer cette regle, il faut retrancher là où on a ajouté ; &, regardant le dividende comme un produit, chercher le multiplicande qui sera le quotient, & le multiplicateur qui sera le diviseur ; & qu'on prenne bien garde qu'on ne peut pas ici prendre l'un pour l'autre le multiplicateur ou le multiplicande, comme quand on dit trois fois 4 ou quatre fois 3 ; le nom de multiplicande doit être toujours conservé pour désigner le plus grand nombre ; quand les nombres sont égaux, il en réſulte un quarré ; le quotient & le diviſeur ſont alors ſemblables, ainſi que le multiplicateur & le multiplicande.

La diviſion ſeroit bien facile à faire, ſi on avoit la quantité *d*; car il ne s'agit que de la donner ou l'ôter au diviſeur, & doubler tout; mais cette quantité *d* ne s'apperçoit pas dans la diviſion comme dans la multiplication; il y a peut-être quelque moyen ſimple de la trouver, que je n'ai pas eu l'adreſſe de découvrir; d'autres ſeront plus heureux.

Soit le nombre 127032 que je veux diviſer par 237, je cherche 237 dans ma table, & je double ſon quarré que j'écris ſous le dividende, & j'ai $\frac{127032}{112338}$; je prends la différence de ces deux nombres; & ſi mon double quarré étoit plus grand, je prendrois ſon excès qui ſeroit toujours la différence. Cette différence eſt ici 14694, qui contient *d*; multipliée cependant par 2 *a*, & je ne connois que la diviſion pour le dégager; mais cette diviſion eſt grandement ſimplifiée, & il y a mille petites adreſſes que l'uſage apprendra & qui la réduiſent preſque à rien, 14694 diviſé par deux fois 237 ou 474, donne 31; joignez à 237 & doublez tout, vous avez votre vrai quotient 536. Notez bien que ſi le double quarré du diviſeur avoit été plus grand que le dividende, au lieu d'ajouter 31, je l'aurois ôté de 237. Suit après cette table le moyen de s'en ſervir pour calculer les ſinus du $\frac{1}{4}$ de cercle.

TABLE

Des Quarrés de tous les Nombres naturels, depuis 1 jusqu'à 700, & cette Table contient en elle-même le moyen de la continuer autant que l'on voudra.

1	1	31	961	61	3721
2	4	32	1024	62	3844
3	9	33	1089	63	3969
4	16	34	1156	64	4096
5	25	35	1225	65	4225
6	36	36	1296	66	4356
7	49	37	1369	67	4489
8	64	38	1444	68	4624
9	81	39	1521	69	4761
10	100	40	1600	70	4900
11	121	41	1681	71	5041
12	144	42	1764	72	5184
13	169	43	1849	73	5329
14	196	44	1936	74	5476
15	225	45	2025	75	5625
16	256	46	2116	76	5776
17	289	47	2209	77	5929
18	324	48	2304	78	6084
19	361	49	2401	79	6241
20	400	50	2500	80	6400
21	441	51	2601	81	6561
22	484	52	2704	82	6724
23	529	53	2809	83	6889
24	576	54	2916	84	7056
25	625	55	3025	85	7225
26	676	56	3136	86	7396
27	729	57	3249	87	7569
28	784	58	3364	88	7744
29	841	59	3481	89	7921
30	900	60	3600	90	8100

91	8281	121	14641	151	22801
92	8464	122	14884	152	23104
93	8649	123	15129	153	23409
94	8836	124	15376	154	23716
95	9025	125	15625	155	24025
96	9216	126	15876	156	24336
97	9409	127	16129	157	24649
98	9604	128	16384	158	24964
99	9801	129	16641	159	25281
100	10000	130	16900	160	25600
101	10201	131	17161	161	25921
102	10404	132	17424	162	26244
103	10609	133	17689	163	26569
104	10816	134	17956	164	26896
105	11025	135	18225	165	27225
106	11236	136	18496	166	27556
107	11449	137	18769	167	27889
108	11664	138	19044	168	28224
109	11881	139	19321	169	28561
110	12100	140	19600	170	28900
111	12321	141	19881	171	29241
112	12544	142	20164	172	29584
113	12769	143	20449	173	29929
114	12996	144	20736	174	30276
115	13225	145	21025	175	30625
116	13456	146	21316	176	30976
117	13689	147	21609	177	31329
118	13924	148	21904	178	31684
119	14161	149	22201	179	32041
120	14400	150	22500	180	32400

181	32761	211	44521	241	58081
182	33124	212	44944	242	58564
183	33489	213	45369	243	59049
184	33856	214	45796	244	59536
185	34225	215	46225	245	60025
186	34596	216	46656	246	60516
187	34969	217	47089	247	61009
188	35344	218	47524	248	61504
189	35721	219	47961	249	62001
190	36100	220	48400	250	62500
191	36481	221	48841	251	63001
192	36864	222	49284	252	63504
193	37249	223	49729	253	64009
194	37636	224	50176	254	64516
195	38025	225	50625	255	65025
196	38416	226	51076	256	65536
197	38809	227	51529	257	66049
198	39204	228	51984	258	66564
199	39601	229	52441	259	67081
200	40000	230	52900	260	67600
201	40401	231	53361	261	68121
202	40804	232	53824	262	68644
203	41209	233	54289	263	69169
204	41616	234	54756	264	69696
205	42025	235	55225	265	70225
206	42436	236	55696	266	70756
207	42849	237	56169	267	71289
208	43264	238	56644	268	71824
209	43681	239	57121	269	72361
210	44100	240	57600	270	72900

271	73441	301	90601	331	109561
272	73984	302	91204	332	110224
273	74529	303	91809	333	110889
274	75076	304	92416	334	111556
275	75625	305	93025	335	112225
276	76176	306	93636	336	112896
277	76729	307	94249	337	113569
278	77284	308	94864	338	114244
279	77841	309	95481	339	114921
280	78400	310	96100	340	115600
281	78961	311	96721	341	116281
282	79524	312	97344	342	116964
283	80089	313	97969	343	117649
284	80656	314	98596	344	118336
285	81225	315	99225	345	119025
286	81796	316	99856	346	119716
287	82369	317	100489	347	120409
288	82944	318	101124	348	121104
289	83521	319	101761	349	121801
290	84100	320	102400	350	122500
291	84681	321	103041	351	123201
292	85264	322	103684	352	123904
293	85849	323	104329	353	124609
294	86436	324	104976	354	125316
295	87025	325	105625	355	126025
296	87616	326	106276	356	126736
297	88209	327	106929	357	127449
298	88804	328	107584	358	128164
299	89401	329	108241	359	128881
300	90000	330	108900	360	129600

361	130321	391	152881	421	177241
362	131044	392	153664	422	178084
363	131769	393	154449	423	178929
364	132496	394	155236	424	179776
365	133225	395	156025	425	180625
366	133956	396	156816	426	181476
367	134689	397	157609	427	182329
368	135424	398	158404	428	183184
369	136161	399	159201	429	184041
370	136900	400	160000	430	184900
371	137641	401	160801	431	185761
372	138384	402	161604	432	186624
373	139129	403	162409	433	187489
374	139876	404	163216	434	188356
375	140625	405	164025	435	189225
376	141376	406	164836	436	190096
377	142129	407	165649	437	190969
378	142884	408	166464	438	191844
379	143641	409	167281	439	192721
380	144400	410	168100	440	193600
381	145161	411	168921	441	194481
382	145924	412	169744	442	195364
383	146689	413	170569	443	196249
384	147456	414	171396	444	197136
385	148225	415	172225	445	198025
386	148996	416	173056	446	198916
387	149769	417	173889	447	199809
388	150544	418	174724	448	200704
389	151321	419	175561	449	201601
390	152100	420	176400	450	202500

451	203401	481	231361	511	261121
452	204304	482	232324	512	262144
453	205209	483	233289	513	263169
454	206116	484	234256	514	264196
455	207025	485	235225	515	265225
456	207936	486	236196	516	266256
457	208849	487	237169	517	267289
458	209764	488	238144	518	268324
459	210681	489	239121	519	269361
460	211600	490	240100	520	270400
461	212521	491	241081	521	271441
462	213444	492	242064	522	272484
463	214369	493	243049	523	273529
464	215296	494	244036	524	274576
465	216225	495	245025	525	275625
466	217156	496	246016	526	276676
467	218089	497	247009	527	277729
468	219024	498	248004	528	278784
469	219961	499	249001	529	279841
470	220900	500	250000	530	280900
471	221841	501	251001	531	281961
472	222784	502	252004	532	283024
473	223729	503	253009	533	284089
474	224676	504	254016	534	285156
475	225625	505	255025	535	286225
476	226576	506	256036	536	287296
477	227529	507	257049	537	288369
478	228484	508	258064	538	289444
479	229441	509	259081	539	290521
480	230400	510	260100	540	291600

541	292681	571	326041	601	361201
542	293764	572	327184	602	362404
543	294849	573	328329	603	363609
544	295936	574	329476	604	364816
545	297025	575	330625	605	366025
546	298116	576	331776	606	367236
547	299209	577	332929	607	368449
548	300304	578	334084	608	369664
549	301401	579	335241	609	370881
550	302500	580	336400	610	372100
551	303601	581	337561	611	373321
552	304704	582	338724	612	374544
553	305809	583	339889	613	375769
554	306916	584	341056	614	376996
555	308025	585	342225	615	378225
556	309136	586	343396	616	379456
557	310249	587	344569	617	380689
558	311364	588	345744	618	381924
559	312481	589	346921	619	383161
560	313600	590	348100	620	384400
561	314721	591	349281	621	385641
562	315844	592	350464	622	386884
563	316969	593	351649	623	388129
564	318096	594	352836	624	389376
565	319225	595	354025	625	390625
566	320356	596	355216	626	391876
567	321489	597	356409	627	393129
568	322624	598	357604	628	394384
569	323761	599	358801	629	395641
570	324900	600	360000	630	396900

631	398161	661	436921	691	477481
632	399424	662	438244	692	478864
633	400689	663	439569		
634	401956	664	440896	694	481636
635	403225	665	442225		
636	404496	666	443556	696	484416
637	405769	667	444889		
638	407044	668	446224	698	487204
639	408321	669	447561		
640	409600	670	448900		
641	410881	671	450241		
642	412164	672	451584		
643	413449	673	452929		
644	414736	674	454276		
645	416025	675	455625		
646	417316	676	456976		
647	418609	677	458329		
648	419904	678	459684		
649	421201	679	461041		
650	422500	680	462400		
651	423801	681	463761		
652	425104	682	465124		
653	426409	683	466489		
654	427716	684	467856		
655	429025	685	469225		
656	430336	686	470596		
657	431649	687	471969		
658	432964	688	473344		
659	434281	689	474721		
660	435600	690	476100		

CALCUL DES SINUS DU QUART DE CERCLE.

JE décris un cercle, & divise son diametre en cinq parties; par les $\frac{4}{5}$ de ce diametre, je fais passer une corde ou double sinus qui est égale à ces $\frac{4}{5}$ du diametre; on n'a qu'à supposer le diametre = 20, les $\frac{4}{5}$ seront 16; or, quatre fois 16 = 64, qui sera le quarré de la moitié de notre corde ou double sinus. On pourroit à ce point prendre le parametre de la courbe qui donneroit lieu aux opérations qu'on fait aux autres courbes avec cette ligne; mais, soit dit en passant, ce n'est pas l'objet que nous avons à suivre. (*fig.* 20.) Je tire une ligne parallele à notre double sinus, que je marque *D D*, & qui soit la corde de 90°; il est clair que cette corde égale le sinus + le cosinus de 45° *D F*. Du point *D* j'abaisse une perpendiculaire *D N*, qui sera le moyen côté d'un triangle rectangle *D N O*, dont l'arc *D O*, qui est presque une ligne droite, sera censé l'hypothénuse, & je dis que c'est la combinaison de cet arc, avec les deux autres côtés du triangle, qui forme toute la courbure du cercle.

N'est-il pas clair que la corde *D D* = la corde *D F*, que le double sinus = les $\frac{4}{5}$ du diametre ? On peut donc, depuis la corde *D D* de 90° jusqu'au double sinus, établir une suite de termes arithmétiques, qui s'établiront de même en partant de la corde *D F* jusqu'aux $\frac{4}{5}$ du diametre; mais ce dernier espace contient tout un quart de cercle; & si je tire une diagonale du point 4 du diametre jusqu'à *D*, il est clair qu'en augmentant successivement *D D* de tous les points que contiendront les deux lignes *N O*, cette suite s'établira aussi en partant de *D F* & avançant jusqu'au diametre progressivement sur la diagonale *D* 4; d'où il faut conclure que la corde de 90° + *D N* + 2 *N O* égale les $\frac{4}{5}$ du diametre, & que 2 *M O* + *D N* = le sinus verse de 45°; or, comme il y a dans le quart de cercle 2700 minutes, on n'a qu'à établir depuis *D D* une suite de 2700 termes qui soient en progression arithmétique, on aura tous les sinus depuis 45° jusqu'au diametre, la difficulté sera de trouver les points de la diagonale *D* 4 où il faudra les placer : mais donnons des valeurs à toutes ces lignes, & examinons aussi les sinus qui précedent l'arc de 45° : car ils se prêtent un mutuel secours, & sont cosinus les uns des autres.

Pour donner une valeur au diametre, je vais chercher

chercher dans ma table (page 54) un des nombres les plus parfaits, & je trouve 19601; je le dis plus parfait, parce que c'eſt une diagonale que la table a corrigée; 70 étant le côté d'un quarré, 99 eſt ſa diagonale; ſi je prends 99 pour le côté d'un quarré, ce quarré ſera 9801, & deux fois pour le quarré de la diagonale = 19602; or, un quarré qui vient d'une diagonale exacte doit auſſi donner à ſon tour une diagonale exacte; mais la table nous apprend qu'il en faut retrancher une unité, & 19601 devient diagonale exacte d'un quarré dont le côté = 13860; ainſi la corde de 90° ſera 13860, & la moitié, 6930, ſera le ſinus de 45°; ces trois nombres 6930, 99, 70, & de plus le quarré de ces deux derniers nous ſerviront de guide pour conſtruire les ſinus du quart de cercle.

Je fais donc le diametre d'un cercle = 19601 je le diviſe en deux parties, l'une très-grande = 19600, & l'autre très-petite = à l'unité; à ce point de diviſion j'éleve juſqu'à la courbe une perpendiculaire qui ſera une ordonnée au cercle; les Géometres démontrent que le quarré de cette ordonnée = au produit des deux abſciſſes, par cette formule $y^2 = 2ax - xx$, qu'ils appellent l'équation au cercle. Il eſt bon d'obſerver que ce n'eſt qu'un cas particulier d'une loi plus générale, qu'on trouve en prenant la double ordonnée qui nous montre alors deux cordes qui ſe coupent à angles droits, & l'équation susdite n'a lieu que quand l'une d'elles est coupée en deux parties égales, ce qui sera toujours lorsque l'autre corde sera le diametre ; dans tout autre cas, on dira le produit des deux abscisses d'une corde est égal au produit des deux abscisses de l'autre ; appellant $2a$ une des deux cordes, appellant x sa petite abscisse, la grande sera $2a-x$, & les deux abscisses de l'autre corde étant désignées par y & z, on aura dans tous les cas $yz = 2ax - xx$.

Si l'on veut s'en convaincre, (*fig.* 21.) qu'on tire dans un cercle deux cordes quelconques qui se coupent à angles droits ; nous aurons au point d'intersection 4 angles droits ; qu'on prenne les deux opposés au sommet, & qu'on tire la corde de l'arc que les côtés de ces angles embrassent, cette corde deviendra l'hypothénuse de triangles semblables ; car, par construction, ils ont un angle droit en *A*, & de plus l'angle *A C D* est égal, puisqu'il est mesuré par la moitié d'un même arc *DD*; on dira donc le petit côté *A C* d'un des triangles, est à son moyen côté *A D*, ce que le petit côté de l'autre est à son moyen côté ; & l'on voit que les deux abscisses d'une des deux cordes donnent les extrêmes d'une proportion, dont les abscisses de l'autre donnent les moyens.

Revenons au diametre de notre cercle, où 19600, multiplié par l'unité, ne change point de dénomination, & est exactement le quarré parfait de l'ordonnée ou sinus droit, conséquemment = 140, racine rigoureuſe de 19600, ce ſinus droit ne differe pas ſenſiblement de la corde de l'arc, qui eſt hypothénuſe d'un triangle rectangle, dont le petit côté, qui eſt la petite abſciſſe, qu'on appelle auſſi ſinus verſe, égale, comme nous avons dit, à l'unité ; donc cette corde $= 140 \frac{1}{281}$, & l'arc, qui eſt encore plus prochainement égal à la corde, ſera environ $140 \frac{1}{270}$. Si je veux un autre ſinus droit qui ſoit plus petit de moitié ou $= 70$, on verra qu'alors le ſinus verſe ne ſera que $\frac{1}{4}$ moins infiniment petit, lequel infiniment petit ſuffit pour détruire la loi à laquelle ce ſinus verſe paroîtroit ſoumis.

Du point où le ſinus droit 70 touchera la courbe, je tire une corde parallele au diametre ; cette corde diviſe en deux parties égales notre ſinus droit de 140, & nous montre une ordonnée abaiſſée ſur une corde parallele au diametre ; je conſerverai le nom abſolu de ſinus droit à la ligne abaiſſée perpendiculairement de la courbe ſur le diametre, & j'appellerai petit ſinus droit la ligne qui tombe ſur une corde, & auſſi j'appellerai petit ſinus verſe la petite abſciſſe qui y répond. Nous aurons donc ici le petit ſinus droit $= 70$, & le petit ſinus verſe $= \frac{1}{2}$; qu'on multiplie 19600 par $\frac{1}{4}$, & on aura le même produit que donne 210×70 pour preuve de la vérité de la loi générale que nous avons établie ci-deſſus ; voilà donc deux ſinus droits qui different de 70 ;

j'en puis tirer de même un troisieme, & ainsi jusqu'à 99, qui different toujours de 70, & le dernier sera $99 \times 70 = 6930$; mais lorsque le diametre du cercle $= 19601$, le côté du quarré inscrit même chose que la corde $90^\circ = 13860$, dont la moitié, pour le sinus de $45^\circ = 6930$.

Nous aurons par ce moyen une suite de sinus droits, toujours rationels, & de même qu'il faut 99 termes pour arriver à 45°, il en faut 70 pour arriver à 30°; car $70 \times 70 = 4900$, quart du diametre ou moitié du rayon. Faisant donc le premier sinus droit $= 70$, le sinus verse $= \frac{1}{4}$, ce qui nous assure que la corde, aussi-bien que l'arc, ne surpassent le sinus que d'un infiniment petit, & sont ainsi égaux chacun $70 +$ infiniment petit. Le second sinus droit sera 140, le troisieme 210, & ainsi de suite en augmentant toujours de 70; & comme l'expression se termine par un zéro, prenant dans notre table le quarré de 7, celui de 14, de 21, de 28, de 35, &c. & leur ajoutant deux zéros, nous avons les quarrés de tous nos sinus; & les ôtant successivement du quarré du rayon, restent les quarrés des cosinus, & l'excès du rayon sur le cosinus donne le sinus verse, dont le quarré, conjointement avec celui du sinus droit, donne le quarré de la corde. Nous avons donc notre premier sinus verse $= \frac{1}{4}$, le second sera $= 1$, & le second sinus droit $= 140$, dont la moitié sera le premier petit ſinus droit, & le premier petit ſinus verſe $= \frac{1}{4}$, l'arc qui répond au premier ſinus droit $= 24' 33''$; j'ai fait celui qui répond au premier petit ſinus droit plus grand d'une demi-ſeconde, ce qui eſt bien fort ; mais inſenſiblement cet excès ſe perdra aux ſuivans, qui, après avoir été exprimés avec un petit excès inappréciable, le feront enſuite par défaut.

Je n'ai mis ici que les ſinus vrais qui doivent ſervir comme de terme de repos, les ſinus intermédiaires ne peuvent s'exprimer qu'à-peu-près, & ils ſe trouvent aiſément. Le ſinus d'une minute (par exemple) égale 3, celui de $2' = 6$, celui de $3' = 9$, & toujours prenant 3 pour différence, qui eſt trop forte d'abord ; ainſi lorſqu'on ſera à 12', au lieu de dire 36, on ne dira que 35, puis à 24' au lieu de 71, on ne dira que 70, & cette différence va toujours en s'atténuant juſqu'au dernier arc, qui, étant de 35', n'a plus que 2 pour différence d'une minute à l'autre ; enfin l'erreur qui s'accumule en donnant 3 pour différence à chaque minute, cette erreur ſe corrige lorſqu'on arrive à chaque ſinus vrai de 70 en 70, & cela dure juſqu'au dernier des 99 arcs qui me ſervent à diviſer mes 45° ; à ce dernier arc, la différence entre chaque minute n'eſt plus que de 2 unités.

Pour plus de clarté, j'explique encore mon procédé ; ayant fait le diametre du cercle =

19601 ; je le divise en deux parties, l'une, très-grande, = 19600, & l'autre = 1 ; à ce point de division, j'éleve une perpendiculaire, qui, rencontrant la courbe, devient une ordonnée à cette courbe, & cette ordonnée = la racine du produit des deux abscisses 1 × 19600 = 140 ; nous apprenons à notre table (page 54) que lorsque le diametre du cercle = 19601, la corde 90° = 13860, dont la moitié 6930 donne exactement le sinus de 45° ; mais quarante-neuf fois & demie 140 = 6930 ; d'où je conclus que si je prends une ordonnée ou sinus droit qui n'ait que 70, en multipliant par 99, j'aurai exactement le sinus droit de 45° ; ainsi construisant des sinus dont la différence soit toujours 70, j'ai dans l'arc de 45° 99 sinus rationels qui me guident pour construire tous les autres.

Mon premier sinus droit étant = 70, je tire la corde de son arc, qui devient l'hypothénuse d'un triangle rectangle dont ce sinus est le moyen côté, le petit côté sera à peine $\frac{1}{4}$; donc cette corde ne differe pas sensiblement du sinus droit, & peut être faite = 70 ; l'arc est encore plus prochainement égal de la corde, & je le fais aussi = 70, lequel nous donne 24' 33". Du point où mon premier sinus touche la corde, je tire une corde parallele au diametre, laquelle corde divise mon second sinus de 140 en deux parties égales, &

nous fait appercevoir une autre ligne que j'appelle petit ſinus droit, & qui tombe perpendiculairement de la courbe ſur la corde, ce petit ſinus droit eſt auſſi = 70 & moyen côté d'un triangle rectangle, dont l'hypothénuſe ſera la corde de l'arc qui répond au petit ſinus droit; cette corde commence à excéder le petit ſinus droit, parce que le petit côté du triangle eſt un peu augmenté; continuant ce ſyſtême juſqu'à 45°, nous avons 99 triangles rectangles dont le moyen côté eſt toujours = 70, & l'hypothénuſe augmente ſuivant une certaine loi qu'il eſt poſſible de découvrir; car la premiere corde ou hypothénuſe étant = 70, la derniere ſera = 99. Le premier ſinus verſe ou petit côté du triangle étant = $\frac{1}{4}$, le petit côté du dernier triangle ſera = 70: la premiere corde étant = 70, en la multipliant par 70, on aura le ſinus de 30° = 4900; & ce qui eſt ſingulier, c'eſt qu'en ôtant 4900 ſecondes de l'arc de 30°, le reſte de l'arc égal au ſinus, ou égal à la moitié du rayon; & ſi on pouvoit trouver une formule algébrique pour exprimer cette vérité, on auroit encore par ce moyen une quadrature rigoureuſe; mais je ne connois cela que par une combinaiſon arithmétique.

J'ai fait le diametre du cercle — 19601, parce qu'il en réſulte un ſinus de 45° = 6930, qui contient exactement 99 fois le premier ſinus droit = 70; mais ſi on vouloit ſacrifier ce petit avantage, on pourroit donner au diametre tout autre nombre, pourvu que ce nombre fût un quarré parfait, comme seroit 10000, quarré de 100, ce qui fourniroit le moyen de comparer le travail avec celui des Géometres qui nous ont précédés. Faisant le diametre égal 10000, le sinus de 30° seroit 2500, celui de 45° seroit 3535; faisant le premier sinus verse = $\frac{1}{16}$, le premier sinus droit seroit = 25, & répondroit à un arc de 17' 11''; on auroit pour le sinus de l'arc d'une minute 1 $\frac{19}{41}$, qui commenceroit la différence d'une minute à l'autre; le sinus droit augmentant toujours de 25, on en trouveroit 100 jusqu'à 30°, & 141 jusqu'à 45°; & qu'on fasse bien attention qu'en suivant ce procédé, le premier sinus verse, presque = 0, est le petit côté d'un triangle rectangle dont la corde de l'arc est l'hypothénuse, & le premier sinus droit le moyen côté; or ce triangle rectangle se développe jusqu'à l'arc de 45° où le triangle devient isocele, le petit sinus verse égale alors 25, ainsi que le petit sinus droit, & la corde de l'arc = 35, hypothénuse du triangle rectangle isocele qui a 25 pour chacun de ses côtés, & dans tous ces passages l'arc ne differe pas sensiblement d'avec sa corde, ainsi la corde donne toujours la valeur de l'arc. Lorsque le petit sinus verse est égal au petit sinus droit, ce qui arrivera toujours en atteignant l'arc de 45°, alors leur dénomination change; le petit sinus verse devient petit sinus droit,

& conféquemment le cofinus augmente fuivant la loi qu'on aura obfervée dans les petits finus droits ; ainfi prenant deux cofinus confécutifs, on doit leur trouver, mais en ordre inverfe, la même différence qu'entre les deux finus verfes qui leur répondent, & par ce moyen on peut toujours vérifier la certitude de la valeur de ces lignes.

24'. 33". arc du premier petit sinus droit qui s'accroit insensiblement, ainsi que sa corde, & se joint à ceux qui le suivent pour former les arcs de la derniere colonne.

25'. Premier instant où l'arc est accru de 27".

Sinus.	Cosinus.	Sinus verse.	Arc.
70	9800 $\frac{1}{4}$	$\frac{1}{4}$	
140	9799 $\frac{1}{2}$	1	
210	9798 $\frac{1}{4}$	2 $\frac{1}{4}$	1°. 13'
280	9796 $\frac{1}{2}$	4	
350	9794 $\frac{1}{4}$	6 $\frac{1}{2}$	2°. 3'
420	9791 $\frac{1}{2}$	9	
490	9788 $\frac{1}{4}$	12 $\frac{1}{4}$	
560	9784 $\frac{1}{2}$	16	3°. 17'
630	9780 $\frac{1}{4}$	20 $\frac{1}{4}$	
700	9775 $\frac{1}{2}$	25 +	4°. 6'
770	9770 $\frac{1}{5}$	30 $\frac{3}{10}$	
840	6764 $\frac{3}{5}$	36 $\frac{1}{10}$	
910	9758 $\frac{1}{5}$	42 $\frac{3}{10}$	5°. 19'
980	9751 $\frac{3}{10}$	49 $\frac{1}{5}$	
1050	9744 $\frac{1}{5}$	56 $\frac{1}{10}$	6°. 8'
1120	9736 $\frac{2}{5}$	64 $\frac{1}{10}$	
1190	9728 $\frac{1}{10}$	72 $\frac{2}{5}$	
1260	9719 $\frac{1}{10}$	81 $\frac{4}{10}$	7°. 21'
1330	9710 $\frac{1}{4}$	90 $\frac{1}{4}$	
1400	9699 $\frac{26}{27}$	100 $\frac{1}{2}$ $\frac{1}{27}$	8°. 12'
1470	9689 $\frac{13}{27}$	111 $\frac{13}{27}$	
1540	9679 —	121 $\frac{1}{2}$	9°.
1610	9667 $\frac{1}{2}$ —	133 +	
1680	9655	145	
1750	9643	157	10°. 15'
1820	9630	170	
1890	9617	183	11°. 6'
1960	9602	198	
2030	9588	212	
2100	9573	227	12°. 25'
2170	9557	243	
2240	9541	259	13°. 16'
2310	9524	276	

	Sinus.	Cosinus.	Sinus verse.	Arc.
	2380	9507	293	14°. 7'
	2450	9489	311	
	2520	9472	328	
	2590	9452	348	15°. 23'
	2660	9432	368	
	2730	9412	388	16°. 14'
	2800	9392	408	
	2870	9371	429	17°. 5'
	2940	9349	451	
	3010	9327	473	
	3080	9304	496	18°. 21'
	3150	9280	520	
26	3220	9256	544	19°. 12'
	3290	9231	569	
	3360	9206	594	20°. 3'
	3430	9180	620	
	3500	9154	646	
	3570	9127	673	21°. 22'
	3640	9099	701	
	3710	9071	729	22°. 16'
	3780	9041	759	
	3850	9012	788	23°. 9'
	3920	8982	818	
	3990	8951	849	24°. 1'
	4060	8920	880	
	4130	8888	912	
27	4200	8854	946	25°. 19'
	4270	8820	980	
	4340	8786	1014	26°. 12'
	4410	8751	1049	
	4480	8716	1084	27°. 7'
	4550	8680	1120	
	4620	8643	1157	28°. 3'

	Sinus.	Cosinus.	Sinus verse.	Arc.
	4690	8605	1195	
	4760	8567	1233	
28	4830	8528	1272	29°. 26'
	4900	8487 $\frac{1}{4}$	1312 $\frac{1}{4}$	
	4970	8446	1454	30°. 24'
	5040	8405	1395	
	5110	8361	1439	31°. 22'
	5180	8318	1482	
	5250	8275	1525	32°. 19'
	5320	8231	1569	
29	5390	8185 $\frac{3}{4}$	1614 $\frac{1}{6}$	33°. 17'
	5460	8138	1661	
	5530	8091	1709	34°. 16'
	5600	8043	1757	
	5670	7993	1807	35°. 15'
	5740	7943	1857	
30'	5810	7892	1908	36°. 15'
	5880	7840	1960	
	5950	7787	2013	37°. 17'
	6020	7733	2067	
31'	6090	7678	2122	38°. 19'
	6160	7622	2178	
	6230	7564	2236	39°. 23'
	6300	7507 $\frac{6}{11}$ +	2293 $\frac{1}{11}$ —	
32'	6370	7448 +	2352 $\frac{1}{2}$ —	40°. 28'
	6440	7387	2413	
	6510	7325	2475	41°. 33'
33'	6580	7263 $\frac{1}{7}$ —	2537 $\frac{5}{14}$ +	42°. 7'
	6650	7199 $\frac{1}{2}$ +	2601 $\frac{6}{14}$ —	
34'	6720	7133	2667	43°. 15'
	6790	7067 $\frac{3}{14}$ +	2733 $\frac{4}{14}$ —	
	6860	6999	2801	44°. 25'
	6930	6930	2870 $\frac{1}{2}$	

Je n'ai point mis les minutes à cette table, cela m'a paru inutile, puisqu'on sait que d'une minute à l'autre il y a toujours 3 — de différence, laquelle différence diminue insensiblement jusqu'aux derniers arcs où elle n'est plus qu'égale 2 : si on a, par exemple, un angle dont le côté soit sinus d'un arc. De 9°. 10" on cherche cet arc dans sa colonne, & on trouve que le sinus de 9°. = 1540; & comme il y a encore 10', la différence, un peu forte entre chaque minute, étant = 3, on ajoutera, non pas 30, mais 29, pour faire disparoître l'excès; & si on fait usage d'un rayon égal 100000, on dira 4900 $\frac{1}{2}$: 1569 :: 100000: x, qui sera le sinus qu'on cherche.

Je n'ai point mis non plus les tangentes ni les sécantes, on peut s'en passer; d'ailleurs ces lignes se trouvent par des analogies bien simples; car toujours le cosinus est au sinus, ce que le rayon est à la tangente; & toujours le cosinus est au rayon, ce que le rayon est à la sécante. Ainsi, divisez le quarré du rayon par le cosinus, & le quotient sera la sécante; & le sinus étant multiplié par le rayon, divisez le produit par le cosinus; le quotient donnera la tangente.

J'ai promis au commencement de cet Ouvrage de donner un moyen pour avoir un poids & une mesure qui seroient universellement les mêmes ; & quoique, faute de secours, les machines qui doivent servir à cette opération n'aient pas été faites avec toute la précision convenable. Je vais cependant les détailler, parce qu'il se trouve des amateurs opulens qui n'épargnent rien pour faire réussir une chose utile.

On sait que si l'on divise le côté d'un quarré en 70, les trois autres doivent suivre la même division; d'où il résulte que si chaque division est d'un pied, le quarré total contiendra 70 fois 70, ou 4900 quarrés, qui auront chacun un pied pour chaque côté ; mais si je voulois que le quarré total en contînt 4901, je ne pourrois le faire qu'en ajoutant à deux côtés, non paralleles, deux trapezes chacun égal $\frac{1}{2}$, comme on peut le voir à la figure 11, planche 2; & quelles seroient leurs dimensions? Un de leurs côtés seroit 70; mais leur largeur devroit être d'un infiniment plus petit que $\frac{1}{140}$, ou, pour mieux dire, si j'ajoutois au quarré total deux petits rectangles qui eussent $\frac{1}{140}$ de largeur & 70 de longueur, il faudroit ôter un petit quarré infinitésimal $= \frac{1}{19600}$; & comme l'Algebre se prête à cette opération, & que dans la formule le petit quarré infinitésimal paroît à-la-fois avec le signe positif & négatif qui se détruisent, on a conclu qu'on pouvoit négliger cette petite quantité ; c'est-là ce qu'on appelle couper le nœud, mais non pas le dénouer: on dira ce qu'on voudra, l'incommensurabilité n'est pas une chimere, & c'est en ce point qu'elle réside, & on retrouvera cette même difficulté, si on veut construire un quarré double, ou qui ait 9800; car en ajoutant 29 à chaque côté du quarré = 99, il en résultera un quarré = 9801, & il faudra retrancher un des quarrés égaux à l'unité. Cela étant bien conçu, je prends une longueur quelconque, que je regarde comme divisée en 70 parties, j'en fais le côté d'un quarré, ou mieux, le côté d'un triangle rectangle isocele, dont je tire l'hypothénuse qui sera = 99, je joins à chaque côté cette hypothénuse, & j'ai des côtés = 169, dont l'hypothénuse sera = 239: j'ajoute 239 à 169, & j'ai une longueur = 408; si je prends la longueur 70, & que je la porte six fois sur 408, j'aurai un excès = 12, qui, porté six fois sur 70, me laissera un autre petit excès, dont la moitié sera = à l'unité de la longueur 408. On doit s'appercevoir maintenant qu'il ne s'agit plus que d'établir entre les deux longueurs 408 & 70 un rapport qui soit dans la nature, tellement que 408 ne puisse être, avec certaine propriété, que 70 n'en ait aussi une convenable.

J'adapte à une roue de rencontre un balancier qui soit bien d'équilibre, & au diametre duquel je donne tout ce que je puis ôter à son épaisseur, je fais en sorte que ce balancier, vibre une fois par seconde; quand je m'en suis bien assuré, je place à l'endroit convenable un petit poids qui soit la douzieme partie de la pesanteur, ce balancier devient pendule & vibre alors deux fois en une seconde, & ce sera même chose si, en doublant le balancier d'équilibre, vous doublez aussi le petit poids, & la différence ne sera sensible; que quand vous aurez donné assez de pesanteur au balancier, pour que le frottement aux pivots en soit altéré; ce sera le diametre de ce balancier qui me servira à établir la longueur de ma ligne 408. Pour la ligne 70, je fais usage d'un petit morceau d'acier tiré à la filiere, & je lui donne pour diametre la grosseur de la seconde phalange de l'index de la main droite d'un enfant de huit jours. J'assemble quatre petits morceaux d'acier de cette espece en un petit faisceau, comme on peut voir (*fig.* 22.) Je fais à trois d'entr'eux des pointes qui soient bien au centre de chaque morceau, & qui excedent un peu le quatrieme, à qui la pointe est inutile; lorsque je suis bien assuré de la solidité du petit faisceau, je trace sur un morceau de cuivre rouge deux lignes bien perpendiculaires l'une à l'autre au point où elles se coupent, je place une des pointes du faisceau tellement que les deux autres pointes

pointes soient dans chaque ligne, je donne un léger coup de marteau, dont je détermine avant toute la force, & j'ai trois points qui sont placés triangulairement; les deux moins éloignés du sommet de l'angle me représentent chacun ma ligne 70, & la distance des deux autres donneront l'hypothénuse du trianglerectangle isocele = 99: à l'aide de mon petit faisceau, j'ajoute cette ligne à chaque côté 70, vient une ligne 169 qui sera côté d'un triangle isocele, dont l'hypothénuse sera 239; prenant cette distance avec un excellent compas, je l'ajoute à 169, & j'ai ma grande longueur 408; si cette longueur se trouve être le diametre d'un balancier à qui il fallût donner plus ou moins que son douzieme pour qu'il battît les $\frac{1}{2}$ secondes; dans le premier cas, il faudroit diminuer la grosseur du petit morceau d'acier primitif; & dans l'autre l'augmenter.

Pour les poids, on fera passer au laminoir un morceau d'étain bien pur, jusqu'à ce qu'il soit aussi épais que le sont chacun des petits morceaux d'acier; on tracera dessus, autant de fois qu'il en sera besoin, les mêmes lignes que l'on aura tracées sur le cuivre rouge; à l'aide d'un outil qui doit être dirigé bien exactement dans la perpendiculaire, on séparera trois triangles rectangles isoceles qui seront chacun la moitié des trois quarrés dont j'ai parlé au commencement du chapitre 2, (page 33): le plus petit moins son élément, est contenu six fois dans le moyen, & au contraire il est contenu dans le grand trente-cinq fois plus son élément, qui servira à construire votre poids à volonté, lorsque vous vous serez assuré de l'égalité du plus & du moins par la justesse de vos opérations.

FIN.

ERRATA.

Page 21, *lig.* 4, des côtés, *lis.* de côtés.
Page 42, *lig.* 25, $+ a\, 9\, b'$, *lis.* $+ 10\, a\, 9\, b'$.
Page 53, *lig.* 25, *lis.* quintuples.
Page 55, *lig.* 8, que dans, *lis.* que chaque terme est 6 fois dans son.
Page 72, *lig.* 5, obtusangle, *lis.* obtus.
Même faute, page 79, *lig.* 4.
Encore, 79, *lig.* 22, $\frac{1}{4}$ circonf. *lis.* $\frac{1}{2}$.
Page 83, *lig.* 19, *M*, *lis. m*, *& ainsi dans le reste de la démonstration.*
Page 85, *lig.* 6, *après page* 80, *ajoutez N°.* 3.)
Page 121, *lig.* 9, *C D*, *lis. E D*, *lig.* 12, *C D* ², *lis. E D* ², *lig.* 13, *A C*, *lis. A E*.
Page 140, *lig.* 3, $= 299 \frac{82400}{17000}$, *lis.* 2998240.
Page 160, *lig.* 18, 2 *M O*, *lis.* 2 *N O*.
Page 162, *lig.* 20, *après arc D D*, *ajoutez* ou *D C*.

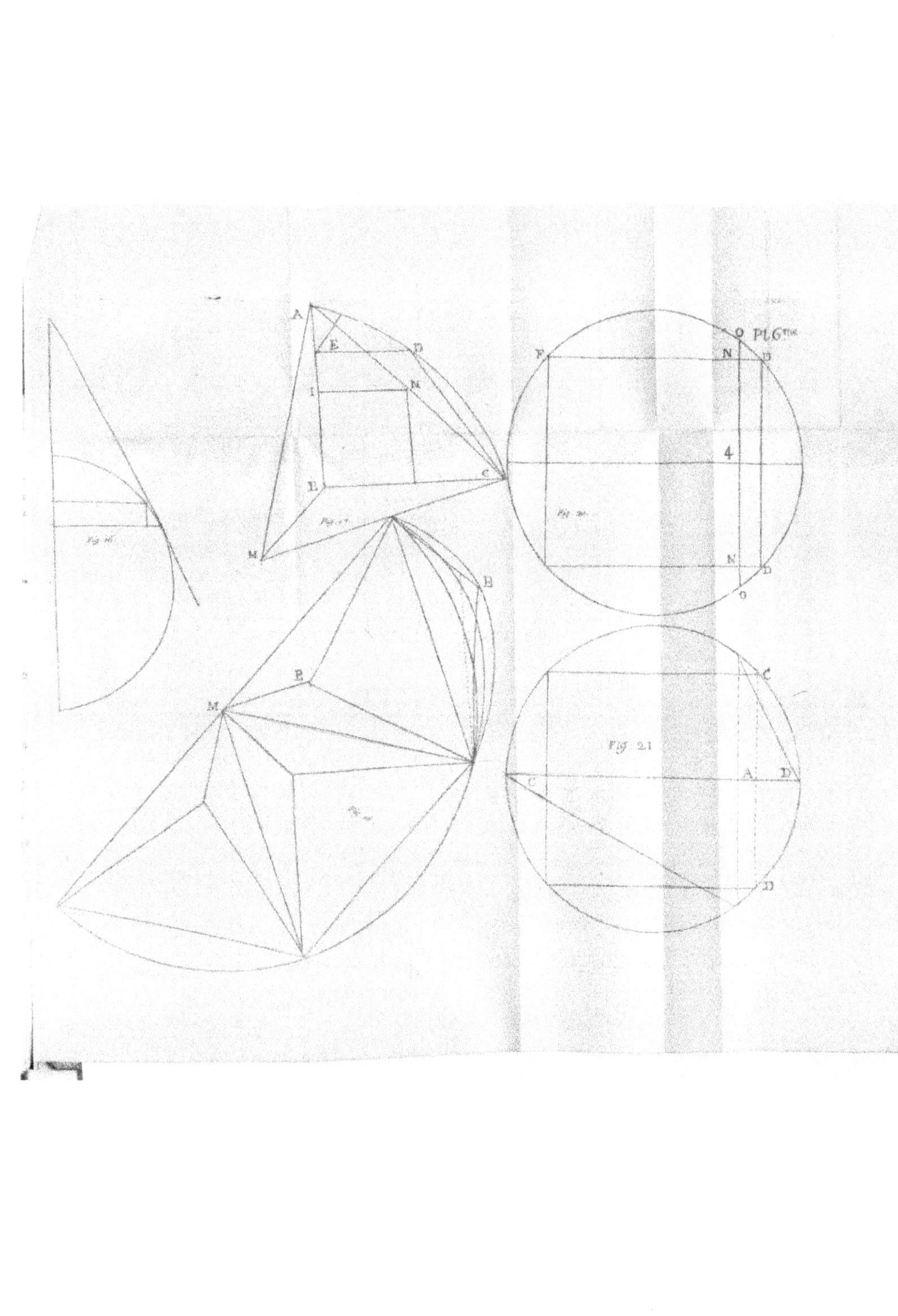
Pl. 6me
A
E
D
I
N
E
C
M
Fig. 17
Fig. 16
F
N
D
4
Fig. 20
N
D
O
B
P
M
C
Fig. 21
C
A
D
D

www.ingramcontent.com/pod-product-compliance
Ingram Content Group UK Ltd.
Pitfield, Milton Keynes, MK11 3LW, UK
UKHW022101260726
13993UKWH00001B/255